5G 与未来无线通信系统：
回传和前传网络揭秘

［葡］ 卡齐·默罕默德·塞杜·哈克（Kazi Mohammed Saidul Huq） 编
乔纳森·罗德里格斯（Jonathan Rodriguez）

丁雨明　李祎斐　译

U0274682

机 械 工 业 出 版 社

本书将未来移动通信系统（比如5G）中智能回传/前传研究领域的相关人士汇聚一堂，阐述了学术上和工业上的理论与实际的技术挑战，以及最新的研究成果。除此之外，本书还对不同种类的回传/前传技术和拓扑结构进行了综合性的分析，讨论了已经可行的回传/前传的拓扑结构，阐释了部署未来智能/高效回传/前传基础设施在结构、技术和商业观点上的全部需求，并展示了实际生活中的应用案例。本书由众多领域的具体主题组成，章节的安排从概览到特定的专题，由浅入深，结构严谨。

本书适合从事无线通信和传输网络技术的研发和研究工程师阅读，也可作为大学相关专业本科生和研究生的参考书。

原书前言
PREFASCE

在移动通信系统中，连接核心到接入网的部分称为"回传"。 任何电信网络边缘都需要通过回传连接。 回传研究的重要性是由于现如今需要增加数据容量和覆盖面，以满足日益增长的电子设备（智能手机、平板电脑和笔记本电脑）的数量，预计到 2020 年这将达到前所未有的水平。 回传预计将在处理大流量方面发挥关键作用，其处理能力由移动宽带和引入异构网络（HetNets）的严格要求决定。 虽然回传技术已经被广泛地用于传统移动系统中，但仍然是主导下一代移动系统研究领域的主题。 很明显，如果没有适当的回传，那么任何新的无线电接入网络技术和协议引入的益处都将黯然失色。

传统上，回传部分将无线接入网络（RAN）连接到小区站点中处理基带的网络的其余部分。 然而，随着下一代网络的开始，"前传接入"概念的势头也在增长。 未来的技术路线图将把 SDN（Software- Defined Network,软件定义网络）和网络虚拟化作为在不同的移动运营商之间分享资源需求的有效手段，从而朝着降低未来网络运营和资本支出的方向迈进。 此外，基带处理将集中化，允许运营商通过协调的资源管理策略完全管理干扰。 实际上，3GPP 目前正在将 C- RAN 架构可视化，其中演进的基站通过通信传输连接到云无线接入网络（C- RAN）小区，被称为"前传网络"。 传统上，光纤技术用于基站的部署;然而，这伴随着固有的局限性，包括许多小型站点的成本和缺乏可用性。 这为无线电解决方案提供了动力，这些无线电解决方案可以在前传接入中处理大量的流量，从而引发整个研究界寻找光纤的替代品和高级解决方案。

目前在回传和前传技术方面的工作是分散的，还处于起步阶段。 为下一代网络提供现代化的通信方式，这就是 5G，开发具体的解决方案仍然有很多方法。 本书旨在将 5G 网络的前传和回传接入相关的讨论整合在一起。 我们的目标是讨论通信基础设施的这些关键部分，并提供所有通信基础设施开始的视角，以及 LTE/LTE- A 网络方面和 5G 未来挑战的视角。 此外，本书还介绍了不同类型的回传/前传技术的综合分析，同时引入了创新的协议架构。

在编写本书时，作者们借鉴了他们在国际研究方面的丰富经验，并在通信传输研究领域和标准化方面处于领先地位。 这本书旨在为下一代通信传输提供一个有用的参考，不仅使研究生更多地了解这个不断发展的领域，而且也激励移动通信研究人员在这个领域进一步迈出创新步伐，并在 5G 舞台上留下足迹。

Kazi Mohammed Saidul Huq

Jonathan Rodriguez

葡萄牙阿维罗电信研究所

原书致谢

　　这是一本为传统和新兴的移动通信网络处理通信研究挑战的书，编者希望它能为研究人员带来关于这个话题新的突破性的灵感来源。本书的灵感来源于作者们在欧洲研究未来无线系统回传/前传架构前沿的丰富经验，包括 E-COOP 项目（UID/ EEA/ 50008/2013），这是一个由葡萄牙电信研究所资助的跨学科研究计划。但是，如果没有那些为此而作出贡献的人，这项工作将不会完成。编者首先要感谢所有的合作者，他们完成的章节汇编成本书，提供补充思想并且建立一个完整的通信视野。此外，衷心感谢研究所的 4TELL 研究组成员贡献了有用的建议和修订。此外，编者还要感谢 FCT- 葡萄牙基金会支持这项工作。

Kazi Mohammed Saidul Huq
Jonathan Rodriguez
葡萄牙阿维罗电信研究所

目 录
CONTENTS

引言：通信挑战

Kazi Mohammed Saidul Huq 和 Jonathan Rodriguez
葡萄牙阿维罗电信研究所

现如今，使用移动互联网已成为一种普遍现象，正改变着社会趋势并在创造数字经济中发挥着关键作用。这在一定程度上得益于半导体技术的进步，这些技术使运行速度更快且更符合能源标准的设备成为现实，如智能手机、平板电脑和传感器设备等。然而，真正智能的数字世界仍处于起步阶段，目前的趋势将继续下去，这将导致移动数据流量和智能设备以前所未有的态势增长。事实上，爱立信的一份报告显示[1]，到 2018 年年底，一台传统笔记本电脑每个月将会产生 11 GB 的流量，一台平板电脑每个月将产生 3.1 GB 的流量，一部智能手机每个月将产生 2GB 的流量。这些数字代表着不断变化的通信模式，即终端用户不仅接收数据同时还生成数据。换句话说，终端用户将成为高流量消耗应用程序的"产消者"，例如高清无线视频应用、机对机通信应用、健康监控应用和社交网络。因此，现有技术需要进行彻底的工程设计升级，以便能够满足日益提升的用户期望，同时应对预期流量增长。这一变化将受到市场预期的驱动，而如今人们开始关注的新技术是 5G 通信技术[2]。

专家预计，5G 将实现和满足无线连接新时代的期望，并将在实现所谓的数字世界方面发挥关键作用。

与传统的 4G 系统相比，对 5G 的要求已经从如下方面达成广泛共识[3,4]：

1）容量：面积容量增加 1000 倍；

2）延迟：RTT（Round Trip Time，往返时间）延迟小于 1ms；

3）能源：以 J/bit 为单位，提高能源效率 100 倍；

4）成本：部署成本降低 10 ~ 100 倍；

5）移动性：移动性支持和永久连接高吞吐量要求的用户。

为了实现这些目标，所有关键的移动利益相关者，如运营商、供应商和移动研究界，正在设法重新设计移动架构，以支持更高速的数据连接。

由于 BS（Basic Station，基站）和终端用户之间的距离很短，因此小小区

（small cell）这种新兴的部署在实现快速连接方面正取得良好成效，同时还降低了能源消耗。小小区市场应用中，室内毫微微蜂窝应用已成为成功案例，那么问题是我们可以将毫微微小小区模式推广到户外世界吗？事实上，目前的趋势表明，这正是未来发展的方向——多层异构网络将成为 LTE- Advanced 标准[5,6]新的设计补充。这里，多层无线网络（小小区层）起着关键作用，同时起作用的还有网络共存方式，用以减少层间的干扰。此外，移动技术将继续朝着这个方向发展，高密度部署的小小区将提供高数据连接覆盖区域的热点岛。在这一背景下，如何将流量从本地服务基站传输到核心网络，将是研究领域面临的新问题。通常，在传统网络中，将 BS 与 RAN（Radio Access Network，无线电接入网络）互联到 EPC（Evolved Packet Core，演进包核心网）的网络段被称为回传。在部署成本和覆盖面积有限的限制下，光纤线路或微波链路已经实现了这一作用。然而，移动技术正在朝着虚拟化和软件定义网络的时代迈进，无线电资源从公共池分配给不同的供应商，进行集中式管理。事实上，随着云服务的兴起，上述新时代在云计算领域也体现出类似的发展趋势。新兴移动网络正在朝着 C-RAN（Cloud Radio Access Network，云无线电接入网络）方向[7,8]迈进，其中 RRU（Remote Radio Unit，远程无线电小区）与集中处理式 RAN 核心协同工作以提供协调调度，换句话说，进行干扰管理。这种范式正在改变网络中通信传输的感知，从回传到并入后端和前端。在这种情况下，回传规定了信息如何从基站到核心网络，而前传是指 C-RAN 核心网络和小小区之间的连接部分。图 1.1 所示为与传统和新兴 C-RAN 体系结构相关的回传和前传部分。

5G 未来增强的通信传输（无论是回传还是前传）预计将在 2020 年左右部署，以支持未来十年预测的无线数据的指数增长。因此，开发具有突破性的回传和前传解决方案的市场不仅可以增强当今的网络，而且还可以为 C-RAN 等新兴技术提供一致的干扰管理方法。这个通信传输的挑战为本书提供了灵感，其标题为"未来无线系统的回传/前传"。

本书旨在汇集来自学术界和行业的所有移动利益相关者，以确定和促进技术挑战以及与未来通信系统（如 5G）的回传/前传研究相关的最新结果。它概述了目前回传通信系统的方法，并解释了现实应用和案例，从技术和流量观点说明部署未来智能和高效回传/前传基础设施的理由。本书旨在激励研究人员、运营商和制造商在未来的超密集无线系统的新兴智能回传/前传覆盖领域提出突破性的想法。此外，本书还提出了详细的安全挑战，以分析未来无线智能回传/前传的性能。很明显，智能回传/前传部署可以提供一个有趣的舞台，能够为下一代无线通信系统的移动利益相关者绘制新的商业机会。这是一本针对未来无线系统进行智能回传/前传的书籍，更新了通信传输路线图上的研究团体，反映了 3GPP（3rd Generation Partnership Project，第三代合作伙伴计划）组当前和新兴功能。

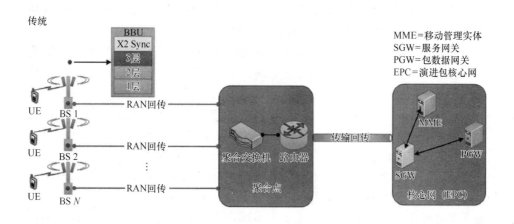

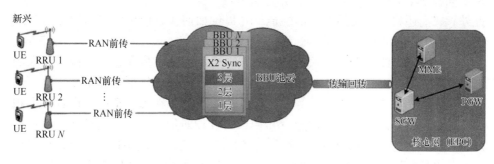

图 1.1 传统和新兴的 C-RAN 移动网络的通信传送

为了引导读者通读本书，这本书有如下的布局。在第 2 章，未来无线电通信的参考架构从 5G 的角度出发。5G 网络预计将获得香农水平和超出吞吐量且几乎零延迟。但是，如果 5G 的表现要优于传统的移动平台，则需要解决几个挑战，其中之一是通信"拖运"的设计。传统上，回传段将 RAN 连接到在小区站点发生基带处理的网络的其余部分。然而，在第 2 章中，我们将使用"前传接入"的概念，该方案最近引起了很多的关注，因为它有可能支持基于采用 C-RAN 架构的远程基带处理，该架构旨在减轻（或协调）干扰运营商部署的基础设施，这大大降低了对干扰感知收发器的要求。为此，我们提供了一个参考架构，它还包括一个网络和协议架构，并提出了一个所谓的"云资源优化器"。这种集成解决方案将成为 RAN 服务的推动者，不仅为有效的无线电资源管理铺平了道路，而且为虚拟移动服务提供商开辟了新的机会。

新兴的信道传输方法和使用较高频带（如大规模 MIMO（Multiple-Input/Mutiple-Ouput，多输入/多输出）和毫米波）的可能性对于未来的无线系统和通信传输来说是至关重要的。第 3 章将介绍大规模 MIMO 和毫米波通信的基本原理，以及它们对小小区回传和前传的适用性。此外，将概述具有大量 MIMO 和毫米波通信的小小区无线回传性能分析模型。使用该模型，提出大量 MIMO 和/或基于毫米波的无线回传网络性能的一些数值结果。

与分散式网络架构相比，C-RAN 承诺相当大的收益。集中基带处理可实现更小的无线接入点、协作信号处理并且易于升级和维护。此外，通过实现不是在专用硬件上的处理，而是通过动态和灵活的通用处理器，基于云的网络可以实现处理元件之间的负载平衡，从而提高能源和成本效率。然而，集中化在延迟和数据速率方面也对前传网络提出了挑战性的要求。如果考虑到异构的前传，这一点尤其重要，则不仅包括专用光纤，而且包括例如毫米波链路。灵活的集中化方法可以根据负载情况、用户场景和前端链路的可用性将处理链的不同部分自适应地分配到集中基带处理器或 BS 来放宽这些要求。这不仅减少了延迟和数据速率的要求，而且还将数据速率与实际用户流量相结合。在第 4 章中将给出不同权重下方法的全面概述，并分析其在延迟和数据速率方面的具体要求。此外，我们还将展示灵活集中的性能，并提供如何设置前传网络以避免过度或不足尺寸的设计指南。

使用不同有线和无线技术的异构回传部署是满足小型和超密集网络需求的潜在解决方案。因此，评估和比较各种回传技术的性能特征至关重要，以了解其对网络聚合性能的影响，并为系统设计提供指导。在第 5 章中，作者提出相关回传模型，并研究具有不同容量和特点的各种回传技术的延迟性能，包括光纤、xDSL（数字用户线路）、毫米波和 6GHz 以下波段。使用这些模型，作者旨在优化 BS 关联，以使覆盖在小小区上的宏小区网络中的平均网络包延迟最小化。此外，作者对回传部署成本进行了模型和分析，并表明存在最小化每个小区 BS 的平均回传成本的最优网关密度。提出了数值计算结果，以显示不同回传的延迟性能特征。和传统的 BS 关联策略之间的比较显示回传对网络性能的显著影响，这表明无线电接入和回传网络的联合系统设计以及优化的重要性。

小型网络已被公认为提供更好的服务覆盖和更高的频谱效率的潜在解决方案。然而，小小区的密集部署可能会导致小区间的干扰问题，并降低小型网络的性能提升。已经在 4G 中开发了用于解决小区间干扰的各种技术。特别地，ICIC（Inter-Cell Interference Coordination，小区间干扰协调）技术可以协调两个相邻小区中的数据传输和干扰。在第 6 章中，作者考虑一个由覆盖有小型网络的宏小区网络组成的 HetNet（Heterogeneous Network，也称为异构网络），它们同时访问相同的频谱。在这里，HetNet 架构假设宏小区和小小区通过高速前传/回传连接互连。特别是由于无线用户的移动性、负载和数据流量在每个活跃的宏小区域都不同。传统的 eICIC（ehanced ICIC，静态增强 ICIC）机制不能确保 ABS（Almost Blank Subframe，几乎空白的子帧）占空比适应于动态网络条件。只有动态 eICIC 机制才适用于这种非静态网络流量。因此，作者旨在为 eICIC 制定动态干扰协调策略，以在给定 QoS 约束下最大限度地提高系统效用。与传统的 eICIC 机制相反，本书所提出的方法不会增加任何回传要求。计算机模拟显示，QoS 要求的动态 eICIC 机制的各种场景的性能优于静态 eICIC 方法和传统的动态 eICIC 机制。

对于未来的无线系统，需要考虑回传技术联合优化的小区选择。在这方面，考虑到小区选择方面的回传，第 7 章将提供综合分析。本章将讨论异构蜂窝网络，其中本地部署了小小区的群集以在宏小区区域内创建热点区域。关于这个主题的大多数研究都侧重于减轻同频干扰；然而，无线回传最近成为在小小区中实现普遍存在的宽带无线流量的迫切挑战。在现实情况下，回传可能会限制相邻小区之间可以交换的信令量，目的是实时协调其操作；此外，在高负载小区（例如热点）中，回传可以限制终端用户的数据速率。在这里，作者开发了一种新颖的小区关联框架，其目的是平衡异构小区中的用户，以改善整体无线电和回传资源的使用，并提高系统性能。作者描述了小区负载、资源管理和回传容量限制之间的关系。然后，小区选择问题被表示为组合优化问题，并且提出了两种称为"演进"和"宽松"的启发式算法，来解决这个困境。分析表明，"演进"接近最佳解决方案，在吞吐量和资源利用效率方面，相对于基于经典 SINR（Signal-to-Interference-Plus-Noise，信号与干扰加噪声比）的关联方案，可以带来更好的改进。

高速和长距离的无线回传是一种高性价比的光纤网络替代方案。对高速宽带服务需求的不断增长，要求在无线回传中采用更高的频谱效率和更宽的带宽。随着无线移动网络向 5G 发展，采用高阶调制和执行无线回传的多频段和多信道聚合已成为行业发展趋势。然而，商用无线回传系统不能同时满足高速和长距离的严格要求。在第 8 章中将讨论多频段和多通道聚合的各种系统架构。解决在多频段和多通道系统中实现高速无线传输的挑战。这些挑战包括如何提高频谱效率和功率效率；如何防止信道间干扰；以及如何确保低延迟，以确保弹性数据包传输和负载平衡。

尽管 C-RAN 技术在 5G 移动通信系统中具有显著的优势，但 C-RAN 技术必须面对与虚拟系统和云计算技术相关的多种固有的安全挑战，这可能会阻碍其在市场上的成功建立。因此，解决这些挑战至关重要，以便 C-RAN 技术充分发挥潜力，促进未来 5G 移动通信系统的部署。因此，第 9 章将介绍 C-RAN 架构中主要组件的可能威胁和攻击的代表性示例，以便揭示 C-RAN 技术的安全挑战，并提供克服安全瓶颈的路线图。

总而言之，我们坚信这本书将为早期研究人员和开展这种无线电通信工作的学者提供有用的参考，但除此之外，它将为在这项技术的前沿工作的 5G 主要利益相关者提供灵感，在下一代系统的新通信设计中提出突破性的想法。

参 考 文 献

[1] Ericsson (2013) *Mobility report*, June.

[2] Andrews, J. G., Buzzi, S., Choi, W., Hanly, S. V., Lozano, A., Soong, A. C. K. and Zhang, J. C. (2014) What Will 5G Be? *IEEE Journal on Selected Areas on Communication*, **32**(6), 1065–1082.

[3] Huawei Technologies Co. (2013) 5G: A technology vision. White paper.

[4] Osseiran, A., Boccardi, F., Braun, V., Kusume, K., Marsch, P., Maternia, M., Queseth, O., Schellmann, M., Schotten, H., Taoka, H., Tullberg, H., Uusitalo, M. A., Timus, B. and Fallgren, M. (2014) Scenarios for 5G mobile and wireless communications: The vision of the METIS project. *IEEE Communications Magazine*, **52**(5), 26–35.

[5] Parkvall, S., Dahlman, E., Furuskär, A., Jading, Y., Olsson, M., Wanstedt, S. and Zangi, K. (2008) 'LTE Advanced – Evolving LTE towards IMT-Advanced,' *Vehicular Technology Conference*, 21–24 September, pp. 1–5.

[6] 3GPP (2011) 'Feasibility Study for Further Advancements for E-UTRA (LTE-Advanced) (Release 10),' TR 36.912, V10.0.0, March.

[7] China Mobile Research Institute (2011) 'C-RAN: The Road Towards Green RAN'. Technical report, April. Available at: http://labs.chinamobile.com/cran/wp-content/uploads/CRAN_white_paper_v2_5_EN.pdf.

[8] Checko, A., Christiansen, H. L., Yan, Y., Scolari, L., Kardaras, G., Berger, M. S. and Dittmann, L. (2015) Cloud RAN for Mobile Networks – A Technology Overview. *IEEE Communications Surveys Tutorials*, **17**(1), 405–426.

第 2 章

5G 应用的一种 C-RAN 方法

Kazi Mohammed Saidul Huq，Shahid Mumtaz 和 Jonathan Rodriguez
葡萄牙阿维罗电信研究所

2.1 引言

如今移动互联网已成为普遍现象。在过去 10 年中，随着智能手机引发的新兴软件应用市场的推动，这一现象导致了数据流量前所未有的增长。研究人员和专家预测，由于 5G 需要通过移动基础设施连接人员、机器和应用程序，这种上升趋势将继续下去。因此，目前的技术需要彻底改变，以适应这种新的移动数据潮流，这使得我们进入了 5G 通信时代[1]。5G 将是无线宽带连接的新时代，其形式是通过互联设备（物联网）的新兴用例，在传统的移动连接方面提升最终用户的 QoE（Quality of Experience，体验质量）并成为解决关键应急基础设施的主要平台。5G 将在欧洲数字化中发挥作用，关键目标包括将峰值数据速率提高 100 倍，将网络容量提高 1000 倍，将能源效率提高 10 倍，并将延迟降低 30 倍[2]，与 4G 系统相比，所有这些都代表了重大而具有挑战性的设计要求。为了实现这些目标，移动利益相关者（如运营商和制造商）正在将宏小区和小小区纳入无线电接入基础设施的设计中。这迫使系统设计师重新考虑传统 4G 无线电网络的现有回传设计，并考虑对 HetNet（Hetero geneous Network，异构网络）进行新的回传和前传设计。

越来越多的 5G 网络被认为是支持完全成熟的、以数据为中心，而不是以语音为中心的应用。因此，现在运营商的主要困境之一就是如何将现有的回传/前传基础设施转变为基于 IP（Internet Protocol，互联网协议）的回传/前传解决方案，用于超密集小区域部署。关于数据的延迟，继续使用光纤将会产生与今天相同的问题，这主要是经济方面的，但也涉及由于收发器机站点的地理位置而对部署的限制。毫米波回传/前传是一种选择，但技术和监管问题尚未得到解决。另一个新兴的解决方案是利用基于 C-RAN 的超密集小小区的开放接入与回传/前传网络架构的互通和联合设计[3]。这需要智能回传/前传解决方案，可以与接入网络优化协议一起优化其运营。智能回传/前传系统的可用性、收敛性和经济性是选择适用于多种无线电接入技术（包括小小区、中继和分布式天线）的回传/前传技术以及未来蜂窝网络中异构类型的过流量的最重要因素。然而，在本章中，我们将使用"前传接入"的概念，该方案最近引起了极大的关注，因为它有可能支持在远程基带处理的基础上，采用 C-RAN 架构来减轻（或协调）干扰运营商部署的基础设施，这大大减轻了干扰感知收发器的要求。在 C-RAN 方案的框架下，我们引入了一个"云资源优化器"的概念，这需要重新设计 MAC（Medium Access Control，媒体访问控制）来提供统一的解决方案。无线前端解决方案的出现扩大了对小小区部署的吸引力，因为光纤专用解决方案（通常用于前传技术）十分昂贵，或者在许多小小区站点都不可用。此外，我们还将介绍一些基于 C-RAN 的移动系统的潜在应用的想法，例如 D2D（Device-to-Device，设备到设备）服务的虚拟化。

在介绍之后，本章的组织结构如下。在第 2.2 节中，我们将简要介绍不同类型的回传/前传技术，特别是引导有兴趣的读者通过从现有技术向新兴的通信运输技术的过渡。在第 2.3 节中，我们将 3GPP CoMP（Coordinated Multi-Point，协调多点）系统的网络和协议架构作为起点，然后将其演变为第 2.4 节中新兴的基于 C-RAN 的架构，这被广泛认为是迈向 5G 通信平台。基于此平台，我们为云资源优化器开发了一个集成解决方案，它定义了统一的 MAC。第 2.5 节将通过使用 D2D 通信作为用例应用程序，并通过引入基于"按需"的虚拟小小区的新的小区范例来将该设计提升到更高的水平，以应对全天候移动流量的动态变化，这也是 5G 背景下的新兴场景。最后，第 2.6 节总结本章。

2.2 从有线到无线回传前传技术

在本节中，我们将简要介绍运营商和服务提供商广泛接受和使用的各种回传/前传技术。根据[4,5]运输技术分为两大类，即有线和无线。图 2.1 所示为回传技术的分类。例如，在有线回传的情况下，铜电缆是常规的介质，其中光纤作为新兴的运输介质被推崇。

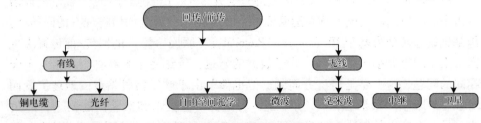

图 2.1 不同类型的回传/前传

在有线回传中，广泛使用铜缆和光纤两种物理介质。铜缆是 BTS（Base Transceiver Station，基地收发站）和 BSC（Base Station Controller，基站控制器）之间的常规运输介质[4]。目前，光纤由于较高的速率和较低的延迟，已替代了铜电缆。传统的基于铜质的回传仅用于 DSL（Digital Subscriber Line，数字用户线）接入网[6]。移动回传中，铜的替代方案是基于光纤的解决方案，它可以提供几乎无限的容量。主要的光纤接入选项包括 GPON（Gigable Passive Optical Network，千兆无源光网络）、运营商以太网和 PTP（Point-to-Point，点对点）光纤[7]。

还有另一种类型的回传——无线回传。这种通信方式可以通过不同的频段进行区分。虽然由于不同的频段，这种类型的回传的信道特征不同，但每种技术都有其自身的优点和缺点。这些技术在有线回传上的一个非常重要的相似之处是快速且相对便宜的部署。例如，FSO（Free Space Optics，自由空间光学）使用光传输数据，但不是依靠光纤作为传输介质，而是应用自由空间传播[8]。FSO 链接也使彼此之间几乎零干扰，原因是波束宽度较窄。微波通信技术利用 6 ~ 42GHz 范围内不同频段的载波频率[5]。微波使用许可频谱，这又增加了部署时间和成本[9]。最近，无线回传类别中出现了一种新的范式，即毫米波技术[10]。电路技术的爆炸性发展已经导致了毫米波现在被认为是一个可行的选择，并且实际上被预见为塑造下一代小型无线回传。有两种类型的频段可用于 60GHz、70/80GHz 和 90GHz[10] 的毫米波。这些高载波频率可以实现多 Gbit/s 数据速率[5]。由于 60GHz 频段是无许可的，较高的频段也只需要一个简单而便宜的许可过程，因此链路可以更快更便捷地部署成本[11]。中继回传是另一种选择，主要用于接入链路。其固有的优点是继电器使用与接入链路相同的传输技术和许可证。然而，它们在范围（高达几千米）、容量（几百 Mbit/s）和干扰方面也具有类似的缺点[5]。没有其他回传技术可以部署[4]时，卫星回传为某些地形提供了一个答案。一般来说，T1/E1 是用于蜂窝回传的卫星链路上的物理传输介质[12]。

2.3　基于 3GPP 的协调系统架构

C-RAN 结合了联合信号处理能力和属于不同用户的数据的资源优化，传统的协调 3GPP 技术由于协调期间的高复杂度和信号开销而无法执行。数据和信令通过通常容量限制的链路在不同的 BS 之间进行交换，这有时使信令交换不可行。在本节中，我们将描述根据 3GPP 的协调系统的网络和协议架构。

图 2.2 所示为协调 3GPP 系统的网络架构。这种基线情景基于 BS 合作，最近引起了研究界的关注。在 3GPP LTE-Advanced 中，它被称为 CoMP 传输，并且正在 LTE 版本 11 中被积极研究[13]。

已经提出的 BS 间的协作是减少小区间干扰的有效方法，从而提高小区边缘

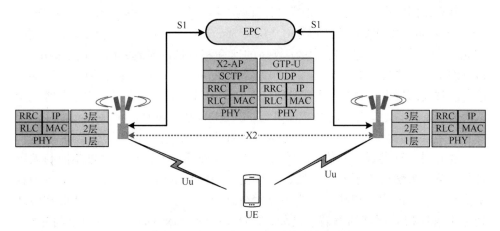

图 2.2　3GPP CoMP 系统的网络架构

吞吐量性能。在 CoMP 技术的几个类别[14]中，我们仅关注下一代 JT（Joint Transmission，联合传输）CoMP。在 JT CoMP 中，下行链路数据可以从多个 BS 同时发送到 UE（User Equipment，用户设备）。众所周知，JT CoMP 能显著提高小区边缘的性能。然而，在没有高速和低延迟回传网络的情况下，JT CoMP 的性能可能会降低[15]。

　　这种情况基于分布式方法，其中每个 BS 具有其自己的 LTE 协议栈层（即 PHY（Physical，物理协议）、MAC、RLC（Radio Link Control，无线电链路控制）、PDCP（Packet Data Convergence Proctocol，包数据会聚协议）），并且每个 BS 调度器在小区中控制其自己的 UE。BS 通过基于 IP 的 X2 接口连接，作为用于管理 JT CoMP 操作的异步通信链路，该接口也用于在 BS 之间分配下行链路数据。这些 BS 通过 S1/S5 接口连接到核心网络。此外，我们假设两个 BS 由 GPS（Global Positioning System，全球定位系统）同步。

　　为了理解 CoMP 的基础机制，图 2.3 所示为一个 JT CoMP 用例，其中用户在 LTE 网络中的小区之间迁移。假设 UE 最初位于小区$_1$的小区中心，UE 连接到 BS$_1$并从 BS$_1$接收下行链路信号。然而，当 UE 移动到小区$_1$和小区$_2$之间的小区边缘时，UE 自动地触发 JT CoMP 以通过从 BS$_2$接收除了 BS$_1$之外的下行链路信

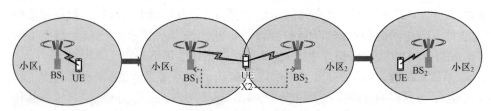

图 2.3　JT CoMP 用例的描述

号来提高小区边缘的性能。最后，当 UE 移动到小区$_2$ 时，UE 自动终止 JT CoMP 操作，BS$_2$ 成为通信链路。

图 2.4 所示为基于 LTE 标准的同步传输方案的协议架构。UE 向 BS$_1$ 报告两种 RSRP（Reference Signal Received Power，参考信号接收功率）消息，即来自 BS$_1$ 的 RSRP$_1$ 和来自 BS$_2$ 的 RSRP$_2$。如果 RSRP$_1$ 和 RSRP$_2$ 之间的差异（以 dBm 为单位）小于预定义的 CoMP 阈值，则启动 JT CoMP；如果差异超过预定义的 CoMP 阈值，则终止 JT CoMP。

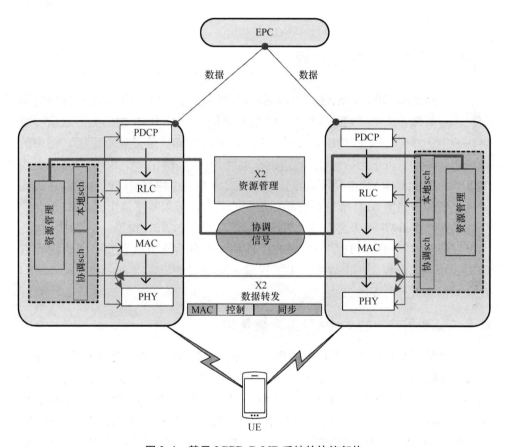

图 2.4　基于 3GPP CoMP 系统的协议架构

当 JT CoMP 被触发时，BS$_1$ 中的调度器将首先检查其在 BS$_2$ 中的对应物，以确保无线电资源可用于 JT CoMP（见图 2.4 中的粗黑线）。在 JT CoMP 期间，以下列方式处理下行链路数据（参见黑色箭头）。首先，将 PDCP、RLC 和 MAC 应用于 BS$_1$ 中的下行链路数据，并创建 MAC-PDU（MAC-Protocol Data Unit，MAC 协议数据小区）。同时，BS$_1$ 中的调度器提供联合传输时间以及关于 MCS（Modulation and Coding Scheme，调制和编码方案）、要使用的无线电资源和 MAC-PDU

的天线映射的控制信息。联合发送时间和控制信息随后附加到 MAC-PDU 并复制；其中一个被发送到 BS$_1$ 中的 PHY，另一个通过 X2 接口发送到 BS$_2$ 中的 PHY。PHY 处理在两个 BS 中并行执行。最后，在指定的联合发送时间，从两个同步的 BS 同时发送 MAC-PDU。

为了将 MAC-PDU 从 BS$_1$ 传送到 BS$_2$，MAC-PDU 由 GTP（通用包无线服务（GPRS）通信协议）隧道协议封装。应该附加到该 MAC-PDU 的联合发送时间和控制信息被包含在 MAC-PDU 中的 MAC-CE（MAC-Control Element，MAC 控制元素）中。

2.4　C-RAN 的参考架构

为了克服 CoMP 的局限性，可以通过将 BS 连接到中央云来实现整体的架构变更。与第 2.3 节中描述的基线 CoMP 场景不同，在 C-RAN 中，大多数信令发生在云中，并在虚拟化 BBU（Baseband Processing Unit，基带处理小区）池中的站点之间共享。由于与传统架构（传统 3GPP 场景）相比，C-RAN 中需要更少的 BBU，因此 C-RAN 也有可能降低网络运营成本。这种类型的网络架构还提高了可扩展性，并使 BBU 维护更容易。不同的运营商可以共享这个云 BBU 池，这允许一些租用 RAN 作为云服务。由于来自不同站点的 BBU 位于一个池中，因此可以以较低的延迟进行通信。这带来了前所未有的许多其他优点，因为现在在 LTE-A 中引入的提高频谱效率、干扰管理和吞吐量的机制（如 eICIC 和 CoMP）在这里得到极大的促进。

2.4.1　基于前传的 C-RAN 的系统架构

小区部署正在朝向云端广播的概念发展。在本节中，我们提供 C-RAN 场景的参考系统模型及其组件的描述。C-RAN 是将 BBU 与无线电前端（如远程无线电小区）分离的新型移动技术。在这种技术中，几个 BS 的 BBU 位于中央实体中，以形成 BBU 池，其中这些 BS 的无线电前端部署在小区站点[16-18]。因此，这个新框架为需要集中和协作处理的算法/技术提供了新的范例。然而，这种新技术的部署面临着几个潜在的研究挑战，包括延迟、有效的前沿设计和融合网络的无线电资源管理。

前传启用了一个 C-RAN 架构，其中所有的 BBU 都放置在距离小区站点一定距离处。前传放大器将未处理的 RF 信号从天线传输到远程 BBU。虽然前传需要比回传更高的带宽、更低的延迟和更准确的同步，但它确实支持更有效地使用 RAN 资源。当与传统干扰和移动性管理工具相结合时，这可以显著地最小化在网络的结构化部分中的干扰，包括多层小区干扰。

基于前传的 C-RAN 场景的一般系统模型如图 2.5 所示，由 3 个主要部分构成[18]，即①集中式 BBU 池；②具有天线的 RRU；③传输链路，即将 RRU 连接到 BBU 池的前端网络。RRU 提供了光纤的接口，以及进行数字处理、数模转换、模数转换、功率放大和滤波[16]。RRU 和 BBU 之间的距离可以延长到 40km，其中上限范围从处理和传播延迟。可以使用光纤、毫米波和微波连接。在下行链路中，RRU 将 RF 信号发送到 UE，或者在上行链路中，RRU 将基带信号从 UE 携带到 BBU 池以进行进一步处理。BBU 池由作为虚拟基站的 BBU 组成，用于处理基带信号，并优化一个 RRU 或一组 RRU 的网络资源分配。前传链路可以构成不同的技术，即有线（光纤→理想）和无线（毫米波→非理想）。根据网络运营商的需求和小区规划，可以轻松地在云中添加或更新任意数量的 BBU。由于基站节点的功耗降低，因此基于 C-RAN 的架构也比基于 CoMP 的情景更节能。在 C-RAN 网络架构中，除了 RRU 操作之外，小区站点不需要额外的电源。

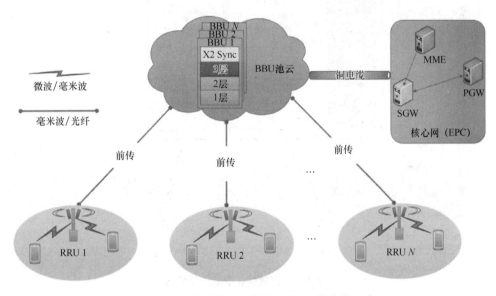

图 2.5　运营商对基于前传的 C-RAN 方案的观点

通过实现云中的联合处理，与不同 BBU 之间的资源共同供应有关的重大研究挑战出现了。这引导我们设计一个所谓的"云资源优化器"。

2.4.2　云资源优化器

在本节中，我们将介绍 C-RAN 提出的云资源优化器。图 2.6 所示为 BBU 和 RRU 之间的互连和功能。不同于 CoMP 资源管理模块，其中所有资源管理实体为不同的 BS 分离，该资源优化器将包括分配、干扰管理和信令在内的所有资源管理操作统一在云池中。在这个云资源优化器中，来自不同 RRU 的 PHY 被合并成一个公共 MAC，控制（Ctrl）和同步（Sync）实体。这个操作提示我们为这个基于云的系统开发一个新的 MAC 方法。MAC 成为在诸如 LTE（IMT 技术）和 WiFi（非 IMT 技术）的不同类型的 RAT（Radio Access Technologies，无线电接入技术）之间的推动者。

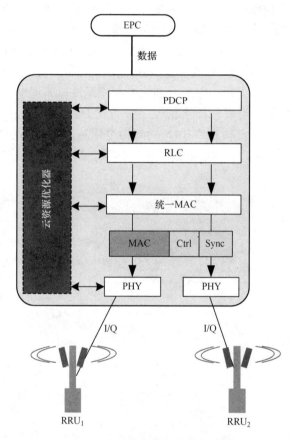

图 2.6　云资源优化器的体系结构

图 2.7 中的 C-RAN 方案新颖统一的 MAC 帧与传统的 CoMP 不同，每个 RAN 都有自己的 MAC。引入全球 MAC 实体工程设计的转变不仅可以提高系统的效率（包括频谱和能量），而且能降低网络的整体干扰。这种统一的 MAC 是现有 LTE MAC 帧的修改版本。

从图 2.7 可以看出，在下行链路和上行链路 MAC 中都有几个 MAC-CE。从 36.321 标准[19]（见表 2.1 和表 2.2）中，可以看到 MAC 头的 LCID（Logic Channel ID，逻辑信道 ID）类型。深色部分强调了各种 MAC-CE 的 LCID 值。

为此，定义一个新的 MAC-CE。使用保留元素字段来指定统一的帧，并且在 MAC-PDU 子帧头中通过在上行链路中等于 11001 的 LCID 值来检索。新元素称为统一帧，并附加到现有的 LCID 值，例如 CCCH（Common Control Channel，公共控制信道）、C-RNTI（Cell Radio Network Temporary Identifier，小区无线电网络临时标识符）和填充。

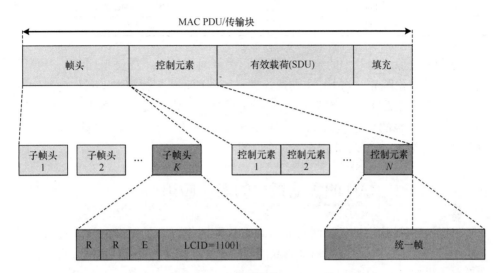

图 2.7　C-RAN 的统一 MAC 帧

表 2.1　DL-SCH 的 LCID 值

索　　引	LCID 值
00000	CCCH
00001 ~ 01010	逻辑信道的标识
01011 ~ 11011	保持
11100	UE 解决方案标识
11101	定时提前命令
11110	DRX（Dynamic Reception，动态接收）命令
11111	填充

表 2.2　UL-SCH 的 LCID 值

索　　引	LCID 值
00000	CCCH
00001 ~ 01010	逻辑信道的标识
01011 ~ 11001	保持
11010	功率余量报告
11011	C-RNTI
11100	部分 BSR（Buffer Status Report，缓冲状态报告）

（续）

索　　引	LCID 值
11101	短 BSR
11110	长 BSR
11111	填充

这种云资源优化器中的统一 MAC 可以为同时连接到不同类型网络的双频段设备提供差异化服务。与 UE 当前选择"许可→LTE 或未授权→WiFi"的惯例不同，云资源优化器在统一的 MAC 框架中进行动态判定，受益于在不同无线电网络上的拥塞级别的可用全球知识和 QoS（Quality of Service，质量服务）要求。这种新型的 MAC 方案有可能为面向交通的应用开辟新的机会。

2.5　基于 C-RAN 的移动系统的潜在应用

5G 的发展被认为是互联网服务与现有移动网络标准的融合，导致通用术语"移动互联网"在小小区中具有非常高的连接速度。此外，绿色通信似乎在这一演进路径中发挥了关键作用，主要的移动利益相关者通过成本效益高的设计方法为更绿色的社会带来了动力。事实上，新兴服务和技术趋势越来越清楚，每秒减少能源和成本、服务无处不在和高速连接正在成为下一代网络的理想特征。为迈向这一愿景，小小区被设想为无处不在的 5G 服务，提供高性价比的高速通信。

这些小小区按需设置，并以两种方式构成了 5G 无线系统的新颖范例：

1）CSC（Cooperative Small Cells，协作小小区）无线网络；

2）VSC（Virtual Small Cells，虚拟小小区）。

这些新颖的按需小小区（CSC，VSC）有能力应对当今的无线流量动态并相应调整其 RF 参数。此外，这些按需小小区可以用于实现 5G 目标的各种应用和场景中。其中之一是基于 D2D 的 C-RAN，这将在下一节讨论。

2.5.1　D2D 服务的虚拟化

D2D 被广泛认为是 5G[20] 中低延迟通信的有效候选方法，也是提高频谱效率的推动者。事实上，通过重用频谱，两个 D2D 用户可以形成直接数据链路，而不会明确地利用通信基础设施（BS 和核心网）。D2D 通信也将从应用的角度出发，因为 D2D 被认为是基于接近服务的理想部署，比如社交网络。

然而，需要共存方法，以便 D2D 用户不要干扰宏小区用户，而是同时在频谱资源有限的时代适当地利用频谱。在这种情况下，提出了一种集成解决方案，将技术范例（如 C-RAN 和虚拟小区）结合起来，为有效的基于 D2D 的通信提供了推动力[21]。这种新颖的架构有可能解决与新兴 5G 系统（容量、延迟、能源效率、CAPEX/OPEX（资本性支出/运营成本）和移动性）相关的大多数挑战。此外，这些 D2D 网络将根据需要创建，例如，如果小区边缘处有某些用户，则具有较高小区电量的用户将成为集群领导者，而具有低小区电量的其他用户将会以 D2D 方式与群集领导者通信，而群集领导者与 C- RAN 直接通信。

在这种体系结构中，首先拆分控制/数据平台，RRU 为整个覆盖区域提供信令服务，并利用这些虚拟小小区为高速率传输提供数据服务，如图 2.8 所示。

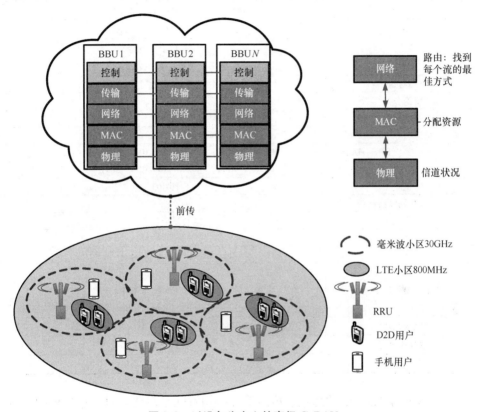

图 2.8　以设备为中心的高级 C- RAN

2.5.2　数值分析

为了有效地分析基于 D2D 的 C- RAN 的性能，我们用集中的云实体来增强现有的 SLS（System- Level Simulator，系统级模拟器），以控制所有的基带处理。此外，我们还加强了以下 KPI（Key Performance Indicator，关键绩效指标）来评估拟议系统的性能。

（1）吞吐量（理想范围）。每个小区格的平均吞吐量定义为系统中所有活动用户成功接收的总位数之和除以系统中模拟的小区数量与传输这些数据包花费的总时间（LTE 的模拟时间是 TTI = 1 ms）。

（2）吞吐量（非理想范围）。每个小区格的平均吞吐量定义为系统中所有活动用户成功接收的总位数之和除以系统中模拟小区数量与传输这些数据包花费的总时间（LTE 的模拟时间为 TTI = 1ms）和前端链路的延迟（10ms）。

表 2.3 为模拟参数的完整列表。

表 2.3　模拟参数

名　　称	参　　数
系统	LTE-A，20MHz，2.6GHz
RB	100
双工方式	蜂窝：FDD（下行） D2D：FDD（使用 TDD 时隙的上行链路）
模式选择	最短距离（蜂窝或 D2D）
资源分配	固定分配
信道估计	完美
信道型号 D2D	$40\log10d[\,m\,]+30+30\log10(f[\,Mhz\,]+49)$
RRU→D2D	$36.7\log10d[\,m\,]+40.9+26\log10(f[\,Mhz\,]/5)+\alpha_{阴影}$
RRU→CU	$36.7\log10d[\,m\,]+40.9+26\log10(f[\,Mhz\,]/5)+\alpha_{阴影}$
重发	HARQ
eNB 调度器	PF
功率控制	自适应功率
流量	完全缓冲区
前传	理想(无延迟)/非理想(10ms 延迟)
最大发射功率	RRU = 30dBm 蜂窝 Tx_Power = 24dBm D2D Tx_Power = 9dBm
噪声系数	D2D 接收器的基站噪声系数为 5dBm/9dBm
热噪声密度	−174dBm/Hz
用户速度	静态

图 2.9 所示为理想/非理想前传的系统平均吞吐量对比。对于这种模拟，我们考虑 20 个 D2D 对和 20 个 CU（Cellular Unit，蜂窝用户）。我们还假定在 CU 和 D2D 用户之间进行固定的资源分配。在 LTE 20MHz 频段中有 100 个 RB（Resource Block，资源块），它们在 CU 和 D2D 用户之间平均分配（每个 50 个 RB）。然后通过 PF（Proportional Fairness，比例公平）调度器将这些 RB 中的每一个分配给其对应的用户。50RB 上的 CU 使用蜂窝链路进行通信（UE1↔RRU↔UE2），而 D2D 用户使用直接链路（UE1↔UE2）。当仅部署理想的前置时钟时，系统的平均吞吐量大约为 10Mbit/s，但是当 D2D 增强时，平均吞吐量上升到 20Mbit/s。吞吐量的这种增加是由于包含在 D2D 的 C-RAN 网络中，由于其直接的通信能力，增强了系统的平均吞吐量。此外，如果考虑到具有一些干扰消除机制的 CU 和 D2D 用户之间的资源分配方案，则系统的平均吞吐量进一步增加。

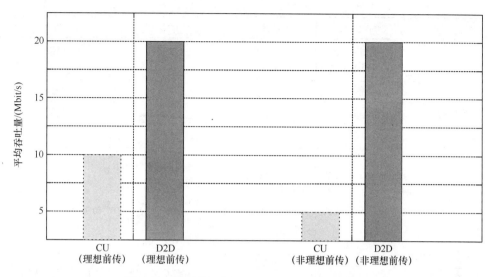

图 2.9　理想/非理想前传的系统平均吞吐量对比

当运行非理想的前传时钟模拟时，会发生 10ms 的延迟，如图 2.9 所示，并且 CU 的吞吐量下降到大约 4Mbit/s。这是由于时间延迟越大，吞吐量越低。但是对于 D2D 情况，吞吐量保持不变，因为在 D2D 中，数据直接在设备之间传输，所以存在一种"零延迟"[22]，但这仍然在 C- RAN 的控制之下。

虚拟小小区不仅需要无所不在，而且需要具有成本效益，并且还要在应用程序处理"非常机密数据"和货币交易的时代，以安全的方式提供新兴服务。因此，5G 网络必须提供具有安全工具的框架，这些安全工具是跨系统端到端安全链路的启动器，并且具有快速和轻量级的性质。虚拟小小区也使网络运营商可以投资网络来共享场景，因此运营商可以适应预期的流量增长，同时减少对新基础设施的投资和能源开销。这些增强功能目前由 3GPP 解决；然而，这在应用于虚拟小小区时引发了新的研究挑战。

表 2.4 比较了基于 D2D 的 C- RAN 与现有的高级 LTE（LTE- A）技术（如 CoMP），CoMP 考虑到通信网络的主要架构块，如演进节点 B（eNB）（在 LTE 中，BS 称为 eNB）。

表 2.4　技术比较

特　征	CoMP	C- RAN	D2D[23]	D2D：C- RAN
标准化	3GPP 版本 11 ~ 12	IEEE	3GPP 版本 11 ~ 12	3GPP 和 IEEE
频段	许可频段	许可频段	许可频段	许可/未许可频段
最大传输距离	500m	100m/1000m	20m	100m/1000m

（续）

特征	CoMP	C-RAN	D2D[23]	D2D：C-RAN
容量	良好 （500~600Mbit/s）	良好 （500~600Mbit/s）	非常好 （1Gbit/s）	优异 （2Gbit/s）
延迟	>1ms	>1ms	零延迟	零延迟
服务一致	否	否	是	是
规定				
应用	改善小区边缘的能力，使小区寿命更长，完善运营商控制	提高小区中心和边缘的能力和覆盖面，比 CoMP 更节能	提高小区中心和边缘的能力和覆盖面，比 CoMP 和 C-RAN 更节能，公共服务安全，应用共享	C-RAN 和 D2D 的组合
基础设施	在许可频段内，中央控制小区用于传送数据	在许可频段内，无线电控制云被用于传输数据	无论是授权还是未授权的频段，用户之间的数据传输直接传递	用户之间的数据传输直接在许可频段中进行，由云中央控制器管理
成本	CAPEX：补贴硬件，投入使用新的小区站和基站塔 OPEX：小区厂房的租赁和电力消耗，中央控制小区的运营成本	CAPEX：补贴 C-RAN（BBU）硬件，安装新的 RRU OPEX：小区厂房的租赁和电力消耗，RRU 的运营成本	CAPEX：用户使用 WiFi、LTE 和 D2D 等各种技术的设备无费用 OPEX：设备小区的使用	C-RAN 和 D2D 的组合

2.6 结论

　　为了迈向 5G 愿景，本章将 C-RAN 参考系统架构描述为具有发展潜力并预测用户需求的基础构建块。本章的第一部分介绍了 C-RAN 架构，它利用基于光纤链路的回传技术连接到核心网络的 RRU 技术。C-RAN 的设计旨在减轻自成立以来影响移动通信的关键禁用功能之一——用户干扰。在 C-RAN 中，关键是利用公共小区内所有用户的基带处理，从而为运营商提供对网络的完全控制和协调信号传输的能力，这为减轻网络干扰迈进了重要的一步。然而，本章的主要目的是超越 C-RAN 并检查前传部分。特别是，我们使用 C-RAN 方法作为基础构建块，并在此基础上提供一个更灵活的平台，能够支持 5G 下的新兴应用。在这种情况下，我们引入了云资源优化器的概念，它与统一的 MAC 协同工作，根据需要分配虚拟无线电资源来支持各种应用，并且可能是支持新的 5G 协议/算法设计的关键。尤其是，我们展示了这个平台不仅可以支持新兴的 D2D 范例，还能够支持部署小小区技术，这被认为是 5G 的关键。

参 考 文 献

[1] Andrews, J. G., Buzzi, S., Choi, W., Hanly, S. V., Lozano, A., Soong, A. C. K. and Zhang, J. C. (2014) What Will 5G Be? *IEEE Journal on Selected Areas in Communications*, **32**(6), 1065–1082.

[2] Osseiran, A., Boccardi, F., Braun, V., Kusume, K., Marsch, P., Maternia, M., Queseth, O., Schellmann, M., Schotten, H., Taoka, H., Tullberg, H., Uusitalo, M. A., Timus, B. and Fallgren, M. (2014) Scenarios for 5G mobile and wireless communications: the vision of the METIS project. *IEEE Communications Magazine*, **52**(5), 26–35.

[3] China Mobile Research Institute (2011) 'C-RAN: The Road Towards Green RAN.' Technical report, April. Available at: http://labs.chinamobile.com/cran/wp-content/uploads/CRAN_white_paper_v2_5_EN.pdf.

[4] Tipmongkolsilp, O., Zaghloul, S. and Jukan, A. (2011) The Evolution of Cellular Backhaul Technologies: Current Issues and Future Trends. *IEEE Communications Surveys Tutorials*, **13**(1), 97–113.

[5] Bartelt, J., Fettweis, G., Wubben, D., Boldi, M. and Melis, B. (2013) 'Heterogeneous Backhaul for Cloud-Based Mobile Networks.' Paper presented at the Vehicular Technology Conference (VTC Fall), pp. 1–5.

[6] Eriksson, P. and Odenhammar, B. (2006) 'VDSL2: Next important broadband technology,' Ericsson Review No. 1.

[7] Orphanoudakis, T., Kosmatos, E., Angelopoulos, J. and Stavdas, A. (2013) Exploiting PONs for mobile backhaul. *IEEE Communications Magazine*, **51**(2), S27–S34.

[8] LightPointe Communications Inc. (2009) 'Understanding the performance of free space optics.' White paper.

[9] Giesken, K. (2002) Application of wireless technology in the mobile backhaul network. *Bechtel Telecommunications Technical Journal*, **1**(1), 62–70.

[10] Rappaport, T. S., Sun, S., Mayzus, R., Zhao, H., Azar, Y., Wang, K., Wong, G. N., Schulz, J. K., Samimi, M. and Gutierrez, F. (2013) Millimeter Wave Mobile Communications for 5G Cellular: It Will Work! *IEEE Access*, **1**, 335–349.

[11] Rangan, S., Rappaport, T. S. and Erkip, E. (2014) Millimeter-Wave Cellular Wireless Networks: Potentials and Challenges. *Proceedings of the IEEE*, **102**(3), 366–385.

[12] Owens, J. (2002) Satellite Backhaul Viability. *Bechtel Telecommunications Technical Journal*, **1**(1), 58–61.

[13] RP-111117 Work Item Description, 'Coordinated Multi-Point Operation for LTE,' Samsung, 3GPP TSG RAN meeting #53, Fukuoka, Japan, September 13–16, 2011.

[14] Zhang, L., Nagai, Y., Okamawari, T. and Fujii, T. (2013) 'Field Experiment of Network Control Architecture for CoMP JT in LTE-Advanced over Asynchronous X2 Interface.' Paper presented at the Vehicular Technology Conference (VTC Spring), 2nd–5th June, pp. 1, 5.

[15] Okamawari, T., Zhang, L., Nagate, A., Hayashi, H. and Fujii, T. (2011) 'Design of Control Architecture for Downlink CoMP Joint Transmission with Inter-BS Coordination in Next Generation Cellular Systems.' Paper presented at the Vehicular Technology Conference (VTC Fall), 5th–8th September, pp. 1–5.

[16] Checko, A., Christiansen, H. L., Yan, Y., Scolari, L., Kardaras, G., Berger, M. S. and Dittmann, L. (2015) Cloud RAN for Mobile Networks – A Technology Overview. *IEEE Communications Surveys Tutorials*, **17**(1), 405–426.

[17] Beyene, Y. D., Jantti, R. and Ruttik, K. (2014) Cloud-RAN Architecture for Indoor DAS. *IEEE Access*, **2**, 1205–1212.

[18] Wang, R., Hu, H. and Yang, X. (2014) Potentials and Challenges of C-RAN Supporting Multi-RATs Toward 5G Mobile Networks. *IEEE Access*, **2**, 1187–1195.

[19] http://www.etsi.org/deliver/etsi_TS/136300_136399/136321/09.00.00_60/ts_136321v090000p. pdf.

[20] Mumtaz, S., Huq, K. M. S. and Rodriguez, J. (2014) Direct mobile-to-mobile communication: Paradigm for 5G. *IEEE Wireless Communications*, **21**(5), 14–23.

[21] Huq, K. M. S., Mumtaz, S., Rodriguez, J., Marques, P., Okyere, B. and Frascolla, V. (2016) Enhanced C-RAN using D2D Network. *IEEE Wireless Communications*, submitted January, 2016 (under review).

[22] Huawei Technologies Co. (2013) '5G: A technology vision.' White paper.

[23] Feng, D., Lu, L., Yuan-Wu, Y., Li, G., Li, S. and Feng, G. (2014) Device-to-device communications in cellular networks. *IEEE Communications Magazine*, **52**(4), 49–55.

第3章 具有大规模 MIMO 毫米波通信的回传 5G 小小区

Ummy Habiba, Hina Tabassum 和 Ekram Hossain

加拿大马尼托巴大学电气与计算机工程系

3.1 引言

应移动用户数量及其相应的无线数据流量指数增长的要求，5G 蜂窝网络即将出现。5G 的关键要求之一是将数据速率从根本上提高到目前 4G 技术的近 1000 倍。在这方面，网络密集化是提高数据速率的直接方式。网络密集化是指增加 SBS（Small Base Station，小型基站）的密度，以增强地理区域支持的用户数量[1]。原则上，SBS 的密度可以无限增加，直到每个 SBS 只有一个用户支持其传输和回传连接[1]。这种极端密集化引发了各种挑战，包括确定适当的小区关联、管理层间和层内干扰，并同时向 SBS 提供高容量回传连接。

为 5G 超密集网络提供经济高效和可扩展的回传解决方案是具有挑战性的，因为需要大量资源用于往返于大量 SBS 的回传传输。因此，根据小小区的位置和用户的 QoS 要求，考虑 5G 蜂窝网络回传基础设施的有线和无线方式是至关重要的。即使现有的有线回传可以确保高可靠性，但是对于密集部署的 SBS 来说，这可能不是一个经济实惠的解决方案。另一方面，无线回传解决方案具有成本效益，并且易于扩展，以提供与小小区的连接。原因包括频率重用、易于操作和管理，并提高了回传资源分配的灵活性。存在针对小小区的几种无线回传解决方案，例如 6GHz 以下（许可和未许可）、6~60GHz 的微波频谱以及激光光谱内的 FSO 频谱。此外，在 30~300GHz 可用的频谱能够提供比目前的蜂窝通信使用的资源高 200 倍的资源[2]。波长范围在 1~10mm 的这个频段称为毫米波频谱。在各种无线回传选项中，60~90GHz 的毫米波频谱被认为适用于 5G 网络，因为其波长允许以紧凑形式使用大量天线元件，以及应用具有较大的信道带宽和充足的无许可频谱的 LOS（Line of Sight，视距）。

尽管如此，毫米波频谱由于其阴影、衰落和分子吸收的敏感性而具有许多传播挑战。毫米波信号不能穿透建筑物墙壁和其他障碍物，因此，室内和室外用户需要由具有较大方向性增益的毫米波频率的单独 BS 进行服务。所以，高度方向性的天线对于毫米波 BS 产生窄波束是必不可少的，可以抑制来自相邻小区的环境衰减和干扰的影响。

在这种情况下，可以在发送器和接收器处部署大规模天线系统（通常称为大规模 MIMO）以增强方向性。大规模 MIMO 技术非常适合于短波长毫米波信号，因为大量天线元件可以安装在毫米波收发器节点的小区域内，从而实现大容量的高度定向光束。大规模 MIMO 技术加上有效的波束成形策略减少了不相关的噪声和短期衰落的影响，而不用在意网络中的用户或 BS 数量如何[3]。然而，波束成形的性能仍然受到信道估计和采集技术的限制。

本章的其余部分结构如下。在第 3.2 节中，首先比较目前存在的不同的无线回传解决方案。第 3.3 节将描述毫米波传播和大规模 MIMO 技术的关键特性。第 3.4 节将回顾使用毫米波频谱设计回传系统的最新技术，并讨论用于毫米波回传的不同的 LOS 和 NLOS 拓扑。在第 3.4 节中，我们还将概述具有大规模 MIMO 功能的毫米波回传系统的设计和实现问题。接下来，在第 3.5 节中，我们将建模一个大规模 MIMO 功能的毫米波回传系统，并考虑通过有效的基于稳定匹配的用户关联方案来最大化网络速率。第 3.6 节之前，第 3.5 节将介绍数值计算结果。

3.2 5G 小小区的现有无线回传解决方案

小小区的无线回传连接是指 SBS 的位置和密度、无线回传中心和 SBS 之间的 LOS 条件、数据速率要求以及频谱许可额外成本的函数。因此，需要根据网络要求选择适当的回传频谱。为此，在本节中，根据文献［4-6］的研究，我们将详细介绍无线回传的不同频谱选项的特点。

（1）TVWS（600～800MHz）。未使用的电视频谱被称为 TVWS（TV White Space，电视空白），可以适用于人口稀少的地区，通信仅限于语音、视频和实时游戏。TVWS 允许在更宽区域（1～5km）内的 NLOS 回传连接，而对天线对准没有任何限制。由于是随机访问，因此存在频谱不可用的风险。此外，回传连接必须确保不对主电视传输造成任何干扰。基于 TVWS 的回传提供的数据速率可能不足以回传 5G 网络。

（2）低于 6GHz。许可的 6GHz 频谱（800 MHz～6GHz）适用于农村和城市地区的 SBS 回传。该频谱没有任何额外的硬件或天线对准要求，允许在更宽距离上的 NLOS 通信。在城市地区，可提供 1.5～2.5km 的回传覆盖范围，可支持农村 10km 以内的回传连接。然而，低于 6GHz 的频谱较昂贵并且提供的窄信道带宽容量有限。在密集区域，已经使用了低于 6GHz 的频谱，因此，它可能受到严重的干扰。所以，6GHz 频谱不被推荐用于在密集的城市地区。

（3）微波（6～60GHz）。微波频谱是城乡地区回传 SBS 的常用选择，因为它可为实时和非实时流量提供 1Gbit/s 以上的数据速率。然而，频谱较昂贵，并且它需要用于 LOS 通信的天线对准以实现高方向性增益。为这些频段设计的天线的尺寸相对较大，这对于 SBS 可能是不可行的。微波信号可以提供高达 4km 的回传覆盖。因此，从数据速率的角度来看，微波回传可能是有益的，但可能不具有成本效益。

（4）无许可毫米波（60～90GHz）。未经许可的毫米波频谱是另一个有希望的候选，来用于回传密集城市地区的 5G 小小区。由于毫米波信号遭受高传播损耗，因此超过 1km 的覆盖距离可能是行不通的。然而，相邻链路的干扰减少，频率重用的能力增强，这对于密集部署的小小区可能起作用。这些极高频率信号使得在允许高天线阵列增益的小区域内能够安装大量天线元件。通过毫米波频谱和高方向性提供的更宽的信道带宽可以提供高数据速率。虽然毫米波频谱需要天线对准和 LOS 连接，但没有额外的频谱成本。

（5）FSO 技术。FSO（Free Space Optical，自由空间光纤）可以成为传统 RF（Radio Frequency，射频）频谱的替代解决方案。激光光电检测器收发器之间的 FSO 链路（激光束）不易受到电磁干扰。FSO 链路使用微米范围内的波长，并能够在 1km 以上提供 10Gbit/s 数据速率[7]。FSO 传输没有许可成本，然而，将存在比光纤链路相对低的硬件成本。FSO 链路对 LOS 有要求，激光束对诸如雨、雪和雾等天气条件敏感。为了最小化大气衰减的影响，可以使用几种技术，包括孔径平均、WDM（Wave Division Multiplexing，波分复用）、较大的接收孔径、FPM（Fine Pointing Mirror，精细指向镜）等。

在现有的无线回传解决方案中，毫米波频谱具有满足 5G 网络要求的潜力，因为它可以通过高度方向性的窄波束提供更宽的信道带宽，进而降低干扰。毫米波的小波长也具有融合大规模 MIMO 技术的灵活性，从而支持大量数据速率高的用户。因此，在密集的城市地区，大规模 MIMO 功能的毫米波链路非常适合回传 5G 小小区。在下一节中，我们将讨论毫米波和大量 MIMO 技术的关键特性。

3.3　毫米波和大规模 MIMO 技术的基础知识

3.3.1　毫米波通信

如 3.2 节所述，提供更大频谱的能力、减少干扰和高数据速率使得毫米波频谱对于回传超密集蜂窝网络很具有吸引力。尽管如此，毫米波传播的挑战性包括：

（1）大气衰减。由于下雨、氧气或其他分子吸收，毫米波频谱中极高的频率易受高传播损耗的影响。然而，当短距离通信（例如超密集小小区网络）时，这些环境因素可能不会引起显著的传播损耗。文献［8］中的结果表明下雨对毫米波频率影响最小。在强降雨时期，28GHz 的降雨衰减仅为 $1.4dB^{[9]}$。对于毫米波频率，大气吸收的衰减也非常低，特别是对于 28GHz 和 $73GHz^{[9]}$。在 60GHz 的情况下，氧吸收可能导致 $15\sim30dB/km$ 的衰减$^{[10]}$。

（2）渗透损失。毫米波频率在城市建筑物外表面经受高渗透损失，而室内材料的穿透损耗相对较低$^{[9]}$。因此，毫米波网络中的户外 BS 几乎不能为室内用户服务。

（3）反射因子。LOS 和 NLOS 情况下，大量障碍物可能会影响毫米波信号的反射路径，延迟增大。即使如此，在高度 NLOS 环境中也可以在 200m 距离内接收强信号$^{[9]}$。毫米波频率的路径损耗指数在以下范围内：对于 NLOS 为 $3.2\sim4.58$，LOS 环境为 $1.68\sim2.3^{[9,11]}$。

为了可行地实施毫米波回传，现有的系统设计需要改进。例如，用户和适当的波束形成的 BS 高增益以及电导向天线可以产生高度指向的波束，并可以抵抗信道中大规模和小规模的衰落。通过使用空间复用可以进一步提高方向性增益。为了在密集小小区网络中实现高天线增益，毫米波通信可以组合极化，自适应波束成形和诸如大规模 MIMO 的新的空间处理技术。集成电路和高方向性天线设计的最新进展证实了合适的硬件解决方案可用于通过毫米波频率进行高增益的研究$^{[12,13]}$。

3.3.2　具有大天线阵列的 MU-MIMO

在密集小小区网络中，可以使用 MU-MIMO（多用户 MIMO）技术来同时向大量小区域提供回传连接。此外，为了确保毫米波回传链路的高数据速率，具有大量天线的 MU-MIMO 是非常有益的。理想情况下，可以同时支持无数个用户的无数个天线$^{[3]}$。然而，在实践中，服务用户的数量受到信道的有限相关时间的限制。增加的天线数量有效地缓解了快速衰落和不相关噪声；然而，干扰的影响是不容忽视的。大规模 MIMO 系统中的主要干扰类型包括：

（1）导频污染。在大规模 MIMO 系统中，正常导频序列通常用于通过用户的上行链路传输来训练大规模 MIMO BS。由于在 TDD（Time-Division Duplex，时分双工）海量 MIMO 系统中上行链路-下行链路的互易性，上行链路中的信道信息被用于下行链路传输。注意，大规模 MIMO BS 的基本限制来自相邻 BS 中的导频序列的重用，即在相同导频序列上相邻小区中用户的传输。该导频重用污染了给定小区中用户的信道估计。这种现象被称为相干小区间干扰（或导频污染）。尽管如此，即使存在导频污染，大规模 MIMO BS 也可以同时服务大量用户，在文献［14］中给出了渐近 SIR 覆盖概率。

注意，多层次网络中暂时性污染的影响趋于更加严重，因此，有效的暂时性净化方案将具有重要意义。一些暂时性净化的开创性工作包括文献［15］，其中组播传输用于消除暂时性污染的影响。

（2）传统的小区间干扰。除了导频污染外，大规模 MIMO 系统中的用户速率也受到传统小区间干扰（即非相干干扰）的影响。

（3）小区内或多址干扰。在 MU-MIMO 中，BS 使用空间复用同时为多个用户提供服务。因此，用户在小区内形成簇，其中它们共享具有相似空间信道相关性的相同散射环境。由于不完美的信道估计和不完善的预编码矩阵，同一簇内的通信会互相干扰。然而，有效的预编码/波束成形方案可以消除 MU-MIMO 系统中的小区内干扰。

随着大规模 MIMO 系统中天线数量的增加，用于设计预编码器的计算复杂度也在增加。在这方面，有几项旨在降低大规模 MIMO 系统预编码设计复杂度的研究工作。文献［16］中提出的分级干扰减轻技术利用内部预编码器进行小区间多路复用和外部预编码器进行小区间干扰消除。用于预编码的迭代算法可以显著降低大规模 MIMO 系统的计算复杂度。在文献［17］中，作者提出了一种基于 TPE（Truncated Polynomial Expansion，截断多项式扩展）的低复杂度预编码技术，并且可以进行优化，以使大规模 MIMO 系统的加权平衡最大化。

3.4　毫米波回传：状态和问题研究

向 5G 网络中的密集小小区迁移需要可以根据不同 SBS 的位置、目标 QoS 要求和流量负载而变化的回传技术的组合。例如，室内 SBS 可以从现有的有线基础设施获得大容量的回传。相比之下，为室外 SBS 设置有线回传连接可能更复杂和昂贵，因为它们可能安装在屋顶顶部、建筑物的外墙、路灯或其他街道上。在这种情况下，无线回传解决方案可以用于此目的。在本节中，我们将讨论和回顾 LOS 和 NLOS 毫米波回传在可行性、拓扑和实现方面的现状，然后详细介绍在大规模 MIMO 功能的毫米波回传系统中存在的基本挑战。

3.4.1　LOS 毫米波回传

1. PtP 拓扑

PtP（Point-to-Point，点对点）拓扑是蜂窝网络中无线回传的传统方法。可以使用范围为 60～90GHz 的毫米波频率形成 PtP 波束，减轻氧/分子吸收和下雨带来的有害影响。由于毫米波传播的限制，对于可靠的基于 PtP X2 的回传链路，微微蜂窝的站点间距离需要在 100m 以内。毫米波频率允许在相同位置使用高度指导的天线阵列形成两个或更多个 PtP 链路。

2. PtMP 拓扑

PtMP（Point-to-Multipoint，点对多点）拓扑可能是 PtP 回传的另一种合适的替代方案。PtMP 无线链路基于中心和远程概念[19]。例如，具有基于光纤的回传连接的小小区可以用作无线回传中枢，并且可以一次支持 6~8 个小小区的回传传输。在文献［20］中提出了 PtMP 带内回传系统，其中在回传和接入链路中都使用毫米波频谱。提出了一种基于 TDM（Time- Division Multiplexing，时分复用）的调度算法，用于 PtMP 毫米波回传，其中 SBS 被划分为 3 个扇区。在该调度算法中，以自适应方式同时调度回传链路和接入链路，并且中心在每个时隙中向一个扇区中的相邻 SBS 转移波束。

3. 网格拓扑

在一些有物理障碍物的情况下，小区可能需要多个链接以进行可靠的回传，因此，通过使用多跳网状网络可以进一步提高回传系统的灵活性。在多跳网状拓扑中，远程回传链路被多个短链接所取代，确保了回传系统可靠性。然而，每跳的处理和访问延迟可能会影响回传链路的性能。

最近，文献［5］考虑了在毫米波回传中灵活的网状连接，对延迟具有严格的限制。在这种以毫米波频率工作的有向网状连接中使用电导向天线阵列。每个节点能够自我调整其参数，以获得最佳路径，从而提供最大的吞吐量和最小的延迟。为了实现这种最佳性能，应用了基于 TDM 的联合调度和路由算法，其中链路参数被实时更新。通过使用毫米波频率的接入和回传链路传输的联合调度使得空间重用最大化，同时有效地管理小区内和小区间干扰[21]。除了密集部署的 SBS 之外，无线设备的密度在 5G 网络中也可能非常高。对于这种情况，文献［21］中提出的集中式 MAC 调度算法建议实现直接 D2D 传输，以便通过接入链路和回传链路进行最优路径选择和并发传输调度。在某些情况下，它们提出的算法可以在吞吐量和延迟方面实现近乎最佳的性能。

在文献［22］中提出的自回传架构演示了一种改进的多跳网状网络，其中一部分 SBS 具有有线回传，而另一些则是无线回传。每个有线 SBS 提供使用毫米波频率的多个 SBS 的回传链路，而不施加任何干扰。作者将毫米波网络定义为噪声限制，其中干扰功率不会对中等密度的 SBS 造成任何危害。作者根据有线回传 SBS 和毫米波回传 SBS 的不同组合的覆盖率分析了网络性能。文献［22］提出的结果表明，增加有线回传 SBS 的分数可以显著提高覆盖率。然而，如果有线回传 SBS 的密度保持不变，则无线回传 SBS 的密度增加，速率将最终饱和。在相同的自回传毫米波网络中，作者还调查了具有毫米波网络的 UHF（Ultra- High- Frequency，超高频）网络共存的影响。

3.4.2　NLOS 毫米波回传

在实践中，LOS 回传链路很可能被建筑物或其他周围的物体阻挡。这使得使用毫米波频率进行回传更加困难。此外，这种链路易受雨衰、氧吸收和光束未对准（由于风、振动和其他环境因素）的影响。因此，对于毫米波回传链路，具有高增益和微妙的光束对准的精确的定向波束成形能力是重要的。在 NLOS 无线回传链路的情况下，衍射光线给出了所需链路的传播损耗，而其他反射光线被视为干扰链路。为了确定所需链路的增益，每个链路的天线阵列被转为朝向衍射点。因此，毫米波频率能够实现具有高天线增益的非常窄的波束，其原则上减小了空间干扰。然而，在具有高空间干扰概率的小小区的超密集部署的情况下，干扰不能被完全忽略。

文献〔23〕中考虑的 NLOS PtP 回传模型包括雨衰、氧吸收（60GHz）和天线未对准的影响。对于它们的系统模型，模拟结果表明，高频链路（60 和 73GHz）形成高增益窄波束，具有衰落和实现余量，可以在一定程度上补偿额外的传播损耗（由于雨和其他因素）。在文献〔18〕中，作者提出了一种使用计算效率较高的分层波束成形码本的高增益波束对准技术。它们提出的框架自适应地对子空间进行采样并形成最大化接收的 SNR 最优波束。为了验证其框架，它们还使用极点运动分析研究了光束对准的风力影响。它们的分析还显示了需要执行光束对准的频率。大天线阵列对光束未对准较敏感，因此，需要更多关于毫米波回传链路的研究工作来研究阵列尺寸与可实现的波束成形增益之间的权衡。

3.4.3　5G 网络回传的研究挑战

如前所述，对于超密度 5G 网络，可以将毫米波频率设想为可以提供 Gbit/s 回传连接的关键技术，因为该频段可用的频谱资源丰富。另外，由于高度指向性的波束成形增益，大规模 MIMO 与回传基础设施的集成可进一步增强毫米波无线回传链路的可靠性。尽管如此，无线回传的大规模 MIMO 和毫米波技术的成功推出仍受到几个设计和现实问题的阻碍。为此，在本节中，我们将讨论在大规模 MIMO 功能的毫米波系统设计中的一些现有和预期的研究问题。

1. 同时回传到多个 SBS

在超密集无线回传小网络中，系统运营商需要同时支持多个 SBS 的回传。这需要能够同时有效地分配给各个小小区的频谱资源池，使得回传流之间的干扰保持在规定的极限以下。在这种情况下，毫米波频段中的大量频谱及其噪声限制性质可能有助于实现目的，特别是当需要对位置较接近的 SBS 进行回传时。另一方面，基于大规模 MIMO 的回传是另一种可能，即支持在大规模 MIMO 的回传中心内覆盖多个 SBS 回传的技术。该解决方案更适合于 SBS 和核心网络之间的回传传输，因为它在同一时间和频率资源中利用 PtMP 传输。

对于多用户毫米波系统，需要同时形成多个波束，这就需要有效的预编码方案。此外，开发用于毫米波的多用户混合模拟数字预编码是非常具有挑战性的，因为它需要在数字层进行更多处理来管理小区间/小区内的干扰[24]。因此，预期毫米波收发器在设计上是昂贵且复杂的。最近，在文献〔25〕中提出的基于 DPSN（Digital Controlled Phase Shifter Network，数字控制的移相器网络）的混合预编码/组合方案被证明能够降低毫米波收发器的成本和复杂性。

2. 获取 CSI

利用多用户大规模 MIMO 技术和有效的波束成形技术，可以通过大自由度为大量的 SBS 提供回传。然而，CSI（Channel State Information，信道状态信息）估计是强烈影响大规模 MIMO 系统中波束成形性能的潜在要求。传统上，在大规模 MIMO 系统中，发送器和接收器之间的信道是从正交导频序列估计的。然而，这些序列由于信道的有限相干时间而受到限制。因此，在多层网络中重用相同的导频序列变得至关重要。导频序列在不同小区中的重用导致导频污染，限制了大规模 MIMO 系统的速率增益。为了克服这个问题，可以采用 CoMP 传输。此外，还可以利用大规模 MIMO 系统中的一组天线元件来减轻导频污染的影响。

3. 自适应回传/接入频谱选择

传统上，网络运营商优化特定用户在其接入链路上的典型 RF 频谱（小于6GHz）的子信道，这些子信道是在 BS 提供有线回传时分配的。然而，在 5G 接入/回传网络（例如微波、毫米波和 6GHz）中可能使用频段的组合，使得该任务特别具有挑战性。原因是在不同的室内/室外环境下，不同频段产生的干扰和网络容量可能会有所不同。例如，与传统的 6GHz 以下频段相比，毫米波频率具有可在室内和室外传播环境中显著变化的较高的穿透/衰减损耗。因此，需要仔细的系统级分析来适应性地选择接入/回传的适当频率组合，同时考虑到关键因素，例如给定频率的干扰条件、SBS 的位置、其周围环境、发射/接收 BS 天线特征和波束形成增益。

此外，在具有最小干扰的回传和接入链路（即带内回传）两者中重复使用相同频率也是至关重要的，并且对于不同的频谱带可以变化。例如，与传统的低于 6GHz 频谱相比，毫米波频谱的高方向性和噪声限制性能可以强大支持带内回传。因此，选择可以通过带内回传来提高数据速率的可行光谱带也是至关重要的。

4. 回传光谱感知用户

如前所述，即使在类似的系统设置中，不同的频段也可能导致数据速率的显著变化。因此，在给定情况下为用户服务选择最佳频谱是至关重要的，并且需要 SBS 在各种频段中的操作[26]。尽管如此，由于硬件修改以及部署成本，部署这样的 SBS 可能并不是简单的任务。因此，从网络运营商的角度来看，确定高效、低复杂度的流量卸载标准的意义是显而易见的。此外，从用户的角度来看，重要的是选择所使用频率的传播损耗和 SBS 天线特定参数的用户关联标准。

5. 回传/接入链路调度

在实践中，大规模 MIMO 功能的回传系统可以在给定的时间和频率资源下，服务有限数量的回传流。因此，在密集蜂窝网络中，回传调度的意义变得明显。除了传统的基于时分的调度之外，还可以为毫米波大规模 MIMO 网络实现更复杂的调度技术。例如，在文献［25］中，所提出的基于 BDM（Beam-Division-Multiplexing，波束分复用）的调度被认为可以改善带内毫米波回传的性能增益。因此，TDM 和 BDM 的组合可以使用户调度过程更加灵活。此外，与传统用户调度不同，除了回传信道条件之外，回传调度需要考虑服务 SBS 的流量负载和接入链路上的平均可实现数据速率。

6. 射频链数

通常，MIMO 系统配备有几个天线，反过来，所使用的 RF 链的数量、DAC（Digital-to-Analogue，数模转换器）和 ADC（Analogue-to-Digital，模数转换器）的数量可以与天线的数量相当。然而，在大规模 MIMO 系统中，以相当的数量部署 RF 链实际上是不可行的。由于这种限制，因此即使没有导频污染，也可能不使用正交信道估计方法。此外，由于 ADC 的高能量消耗，MIMO 收发器的能量消耗随着有源 RF 链数量的增加而增加。因此，信道估计和波束成形算法应当考虑到 RF 链的数量约束来设计。

7. 其他实施问题

IEEE 标准 802.11ad 中的 DMG（Directed Multi-Gigabit，定向多吉比特）PHY 规范提出了用于高数据速率应用的 OFDM 调制。由于毫米波传播特性与微波传播特性截然不同，因此需要对 3GPP LTE 的 OFDM 参数进行修改。对于毫米波通信，OFDM PHY 具有不同的帧结构，并且可以使用 QPSK、16QAM 和 64QAM 来实现。OFDM 子载波需要更大的带宽和保护间隔。基本的基于 TDD 的毫米波帧具有 10 个子帧，每个子帧包含 14 个 OFDM 符号[27]。当使用毫米波进行无线回传时，子帧可以配置为支持利用空间复用的多跳传输[27]。毫米波子帧的配置需要进一步的研究。

3.5　案例研究：基于大规模 MIMO 的毫米波回传系统

如图 3.1 所示，考虑安装在 MBS（Macro Base Station，宏基站）内的无线回传中心，以通过使用大规模 MIMO 技术的毫米波链路为 SBS 或 AP（Access Point，接入点）提供回传连接。AP 在接入和回传链路中使用不同的毫米波频率。我们假设 AP 和 UE（User Equipment，用户设备）配备有具有扇区增益模式的定向天线。每个中心与 M_h 个天线同时支持 N_b 个 AP。在同一时间块内，每个 AP 还对 N_a 个 UE 进行调度。中心和 AP 的传输功率分别为 P_h 和 P_a。在训练阶段，每个 AP 向中心发送预分配的正交导频序列，由中心完全评估，并且导频序列不被任何其他相邻中心使用（即不假定导频污染）。通过在中心处的时分复用来促进信道估计，使得信道互易性得到保证。

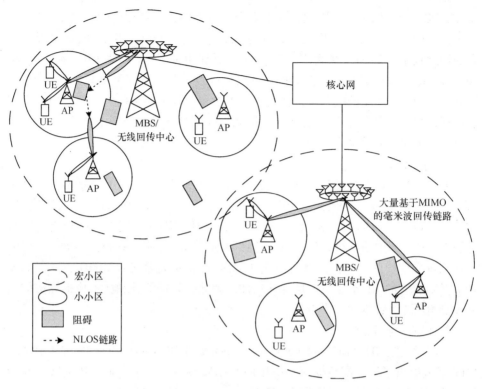

图 3.1　采用基于大规模 MIMO 的毫米波回传系统的小型网络架构

由于建筑物的墙壁对于毫米波信号是不可穿透的，因此室内 AP 既不能为户外用户服务也不能干扰户外 AP 传输。在户外环境中，AP 被部署在建筑物或街道装置的外部，那里的用户更有可能 NLOS 的中心和用户。我们专注于户外用户的性能，并假设中心 AP 和 AP 用户信道独立衰落。

3.5.1　系统模型

我们认为回传中心和 AP 是根据小区区域 R^2 中的均匀 PPP（Poisson Point Process，泊松点过程）分布的。PPP 是由中心形成的，AP 为 $\Phi_H = \{H_i\}$（密度 λ_H），$\Phi_A = \{A_j^{(i)}\}$（密度 λ_A）。UE 的位置和 PPP 近似，这里 PPP 为 $\Phi_U = \{U_k^{(j)}\}$（密度 λ_U）。我们用 $A_j^{(i)}$ 表示由第 i 个中心回传的第 j 个 AP，用 $U_k^{(j)}$ 表示由第 j 个 AP 服务的第 k 个 UE。建筑物和其他室外障碍物使用矩形布尔方案进行建模[28]。矩形的长度、宽度和方向被确定为独立且相同分布的随机变量。我们还假设障碍物的分布是固定的，并且不随任何平移或旋转而变化。在地理区域上，基于障碍物的大小和密度来确定网络节点在 LOS 区域中的概率[29]。在该模型中，障碍物被认为是随机矩形的过程，其中矩形的中心形成密度为 λ_b 的 PPP Φ_b。考虑到下行链路传输，我们将发射节点 $\{X_t\}$ 和接收节点 $\{Y_r\}$ 之间的距离表示为 R_1，

$X_t \in \{\Phi_H, \Phi_A\}$，$Y_r \in \{\Phi_A, \Phi_U\}$。链路的 LOS 概率由式（3.1）给出

$$p(R_1) = e^{-R_1/\rho} \tag{3.1}$$

式中，ρ 是平均 LOS 距离。

1. 指向性增益

我们将定向波束成形增益建模为 PPP 的标记，并使用文献［22，28，30］中提出的针对毫米波网络的分区增益模式，来近似表示实际波束形成模式。天线图形表示为 $D_{G,g,\theta}(\phi)$，其中，G 是主波瓣方向性增益；g 是旁瓣方向性增益；θ 是主波瓣的波束宽度；ϕ 是节点的天线方位角。对于发送器处的给定起点角度 ϕ_t^l 和接收器处的到达角度 ϕ_r^l，链路 R_1 的总方向性增益为 $D_{t,r}^{(l)} = D_{G_t,g_t,\theta_t}(\phi_t^l) D_{G_r,g_r,\theta_r}(\phi_r^l)$。对于目标节点之间的所需链路（$l_0$），方向性增益为 $D_{t,r}^{(l_0)} = G_t G_r$。来自干扰节点的波束数被认为是离散随机变量。考虑到 4 种可能情况的概率分布，干扰链路的方向性增益为 $D_{t,r}^{(l_1)} = a_n$，其概率为 b_n（$n \in \{1, 2, 3, 4\}$），其中 a_n 和 b_n 是文献［29］中提到的常数。干扰链路的概率分布见表 3.1。这里，$c_t = \dfrac{\theta_t}{2\pi}$ 和 $c_r = \dfrac{\theta_r}{2\pi}$。$U_k^{(j)}$ 与 $A_j^{(i)}$ 和 $A_{j'}^{(i)}$ 到 $U_k^{(j)}$ 的干扰链路的随机分布相关联，$U_k^{(j)}$ 的主瓣被 $A_{j'}^{(i)}$ 的旁瓣重叠。干扰链路的方向性增益将为 $D_{j',k}^{(l_1)} = a_2 = g_{j'} G_k$，其中，概率为（$1 - c_{j'}$）$c_k$。

2. 路径损耗模型

毫米波链路可能会遇到 LOS 或 NLOS 传播。因此，链路 R_1 所经历的路径损耗可以被确定为

$$L(R_1) = \mathbb{I}(p(R_1)) K_L R_1^{-\alpha_L} + (1 - \mathbb{I}(p(R_1))) K_N R_1^{-\alpha_N} \tag{3.2}$$

表 3.1　$D_{t,r}^{(l_1)}$ 概率分布函数

i	1	2	3	4
a_i	$G_t G_r$	$g_t G_r$	$G_t g_r$	$g_t g_r$
b_i	$c_t c_r$	$(1-c_t)c_r$	$c_t(1-c_r)$	$(1-c_t)(1-c_r)$

其中，$\mathbb{I}(p(R_1))$ 是 LOS 概率 $p(R_1)$ 的伯努利函数，α_L 和 α_N 是 LOS 和 NLOS 的路径损耗指数。参考距离的对数正态阴影和路径损耗分别近似为 LOS 和 NLOS 的 K_L 和 K_N。我们假设小规模衰落 h_1 为归一化的伽马随机变量。

3. 用户关联

我们认为每个 UE 可以与至多一个中心回传的一个 AP 相关联。AP 和 UE 之间的关联如下所示：

$$\gamma_{kj} = \begin{cases} 1, & \text{当 } U_k^{(j)} \text{ 与 } A_k^{(j)} \text{ 相关联时} \\ 0, & \text{其他} \end{cases}$$

AP 的资源根据有效负载被统一分配给最多的 Q_a UE。UE 的资源消耗百分比

表示为 $\beta_{kj} = \dfrac{1}{\sum\limits_{U_k^{(j)} \in \Phi_U} \gamma_{kj}}$。中心 - AP 关联性被定义为

$$\delta_{ji} = \begin{cases} 1, \text{当 } A_j^{(i)} \text{ 与 } H_i \text{ 相关联时} \\ 0, \text{其他} \end{cases}$$

中心的资源在最多的 Q_h AP 之间统一分配。AP 的资源消耗百分比表示为

$$\eta_{ji} = \frac{1}{\sum\limits_{A_j^{(i)} \in \Phi_A} \delta_{ji}} 。$$

4. 干扰模型

由于我们专注于在中心实现大量天线的大量 MIMO 网络，即 $N_b << M_h$，因此大型天线阵列减少了不相干噪声的影响，且该系统被认为是受干扰限制的[3]。我们假设有效的波束成形和导频去污方案消除了小区内干扰和导频污染的影响。因此，AP 将仅从下行链路发送的其他中心接收干扰。$A_j^{(i)}$（由第 i 个中心回传的第 j 个 AP）接收的干扰表示如下：

$$I_b = \sum_{l_I > 0; H_i \in \Phi_H \setminus \{H_i\}} P_h |h_{l_I}|^2 D_{i,j}^{(l_I)} L(R_{l_I}) \sum_{A_{j'}^{(i)} \in \Phi_A} \delta_{j'i'} \eta_{j'i'} \tag{3.3}$$

用户小区 $U_k^{(j)}$ 和接入点 $A_j^{(i)}$ 之间的接入链路干扰表示如下：

$$I_a = \sum_{l_I > 0; A_{j'}^{(i)} \in \Phi_A \setminus \{A_j^{(i)}\}} P_a |h_{l_I}|^2 D_{j',k}^{(l_I)} L(R_{l_I}) \sum_{U_{k'}^{(j)} \in \Phi_U} \gamma_{k'j'} \beta_{kj'} \tag{3.4}$$

5. SINR 和费率计算

在大规模 MIMO 方案中，AP $A_j^{(i)}$ 回传链路中的 SINR 可以近似如下[31]：

$$\text{SINR}_b = \left(\frac{1 + M_h - N_b}{N_b} \right) \left(\frac{P_h |h_{l_0}|^2 D_{i,j}^{(l_0)} L(R_{l_0})}{1 + I_b} \right) \tag{3.5a}$$

接入链路中 $U_k^{(j)}$ 接收的 SINR 由式（3.5b）给出

$$\text{SINR}_a = \frac{P_a |h_{l_0}|^2 D_{j,k}^{(l_0)} L(R_{l_0})}{\sigma_{N^2} + I_a} \tag{3.5b}$$

式中，σ_{N^2} 是热噪声功率。因此，下行链路中的用户速率计算为

$$R_{kj} = B\log_2 (1 + \min\{\text{SINR}_a, \text{SINR}_b\}) \tag{3.6}$$

式中，B 是分配给用户的信道的带宽。

3.5.2 最大化用户速率

在下行链路传输中，中心通过回传链路将流量转发到 AP，然后 AP 将流量转发到期望的用户。中心可以同时支持固定数量的 AP，AP 也具有一次支持有限数量用户的约束。因此，下行速率受到回传和接入链路关联的影响很大。在这种情况下，我们为下行链路传输制定用户关联问题，以最大限度地提高整体用户速率，如下所示：

$$\max_{\delta_{ji},\gamma_{kj}} \left(\sum_{A_j^{(i)} \in \varPhi_A} \sum_{U_k^{(j)} \in \varPhi_U} \gamma_{kj} \beta_{kj} R_{kj} \right) \tag{3.7a}$$

$$\sum_{H_i \in \varPhi_H} \delta_{ji} = 1, \sum_{A_j^{(i)} \in \varPhi_A} \gamma_{kj} = 1, \forall A_j^{(i)} \in \varPhi_A, U_k^{(j)} \in \varPhi_U \tag{3.7b}$$

$$\sum_{A_j^{(i)} \in \varPhi_A} \delta_{ji} = Q_h, \sum_{U_k^{(j)} \in \varPhi_U} \gamma_{kj} = Q_a, \forall H_i \in \varPhi_H, A_j^{(i)} \in \varPhi_A \tag{3.7c}$$

由于解决这个优化问题会在计算上随时复杂化，因此我们着重于设计不太复杂的分布式用户关联解决方案，相关理论可用于为用户关联设计高效的分布式解决方案[32,33]。

3.5.3　用户匹配理论

通过将其转换为双面匹配来解决下行链路中用户关联的组合问题。对于两个不相交的用户组，根据每个用户的优先级度量，在两组用户之间进行匹配。为了获得稳定的匹配，每个用户被分配一个固定的配额，这被称为每个用户可以匹配的最大用户数量。为了解决我们的系统模型中的用户关联问题，回传和访问接入的关联是使用文献 [33-35] 中提出的匹配框架进行的。

1. 中心- AP 的匹配

起初我们考虑一个多对一匹配，用于中心和 AP 之间的关联。中心集定义为 $\varPhi_H = \{1, 2, \cdots, H\}$，AP 集定义为 $\varPhi_A = \{1, 2, \cdots, A\}$。每个 AP 可以与至多一个中心匹配，并且每个中心可以根据其配额 Q_h 与一个或多个 AP 匹配。中心和 AP 的优先级关系取决于每个回传链路的信道状态。每个 AP 旨在根据其可实现的速率使其效用函数最大化。考虑到随机关联，每个 AP 计算它可以从每个中心接收的速率，并形成一个在中心上的优先级列表 $\succ_{A_b} = \{\succ_a\}_{a \in \varPhi_A}$。类似地，每个中心使用从初始随机关联计算的速率来构建其优先级列表 $\succ_H = \{\succ_h\}_{h \in \varPhi_H}$。每个中心根据其优先级列表给出每个 AP 的排名得分。在构建优先级列表之后，迭代地执行中心和 AP 的不相交集合之间的匹配，直到找到稳定的匹配。中心- AP 关联的匹配 μ_b 可以表示为从集合 $\varPhi_H \cup \varPhi_A$ 到集合 $\varPhi_H \cup \varPhi_A$ 的函数[33,35]。

- $|\mu_b(a)| = 1, \forall a \in \varPhi_A$ 且 $\mu_b(a) = a$ 如果 $a \notin \varPhi_A$
- $|\mu_b(h)| \leq Q_h, \forall h \in \varPhi_H$
- $h \in \mu_b(a)$ 当且仅当 $\mu_b(h) = a$

这里，匹配函数 $\mu_b(a)$ 表示匹配的 AP，$\mu_b(h)$ 表示匹配的中心。如下面的算法 1 所述，AP 首先根据优先级列表应用于其最优选的中心。如果中心 Q_h 的配额没有超载，则将安排 AP。如果超过配额，则中心将检查 AP 的排名。如果 AP 的排名优于其他预定 AP 的排名，则丢弃具有最大排名的最差 AP，并与候选 AP 相关联，直到所有 AP 相关联，并且其优先级列表变为空。因此，算法将以稳定的匹配 μ_b^* 结束。

算法 1　中心 - AP 关联的匹配算法

1. **input:** Φ_H, Φ_A and Q_h
2. *initialization:* calculate the preference lists $\succ_H$ and $\succ_{A_b}$, respectively
3. each hub $h \in \Phi_H$ gives a ranking score to APs based on $\succ_H$
4. **while** (at least one AP is free **AND** its preference list $\succ_{A_b}$ is not empty) **do**
5. 　　each unassociated AP applies to its most preferred hub in $\succ_{A_b}$
6. 　　**if** the Q_h is not overloaded **then**
7. 　　　associate with the applicant AP
8. 　　**else**
9. 　　　compare the ranking of the applicant with the currently associated APs
10. 　　　**if** *rank*(applicant AP) < *rank*(associated APs) **then**
11. 　　　　discard the worst AP from the hub's current associations
12. 　　　　associate with the applicant AP
13. 　　　　discard the hub from the preference list of the discarded AP
14. 　　　　set the discarded AP as free
15. 　　　**end if**
16. 　　**end if**
17. **end while**
18. **output:** μ_b^*

2. AP - UE 的匹配

一旦对回传连接具有稳定的匹配 μ_b^*，则执行另一个多对一匹配，以在接入端查找 AP 和 UE 之间的关联。我们认为 AP 的集合为 $\Phi_A = \{1, 2, \cdots, A\}$，UE 的集合为 $\Phi_U = \{1, 2, \cdots, U\}$。该匹配旨在根据其配额 Q_a 将每个 UE 与一个 AP、每个中心与一个或多个 UE 进行匹配。通过回传端的稳定匹配 μ_b^* 和接入端的随机关联，每个 UE 使用式（3.6）计算其可以从每个 AP 接收的速率，并形成 AP 优先级列表 $\succ_U = \{\succ_u\}_{u \in \Phi_U}$。AP 还根据提供给关联用户的总速率来构建优先级列表 $\succ_A = \{\succ_a\}_{a \in \Phi_A}$。每个 AP 还根据其优先级给予 UE 排名分数。如在算法 2 中所描述的，为了找到 AP - UE 关联的稳定匹配 μ_a^*，要进行迭代匹配。在这种情况下，表示 AP - UE 关联的匹配 μ_a 被表示为从集合 $\Phi_A \cup \Phi_U$ 到集合 $\Phi_A \cup \Phi_U$ 的函数。

- $|\mu_a(u)| = 1, \forall u \in \Phi_U$ 且 $\mu_a(u) = u$ 如果 $u \notin \Phi_U$
- $|\mu_b(a)| \leqslant Q_a, \forall a \in \Phi_A$
- $a \in \mu_b(u)$ 当且仅当 $\mu_b(a) = u$

这里，匹配函数 $\mu_b(u)$ 表示匹配的 UE，$\mu_b(a)$ 表示匹配的 AP。由于候选（AP 或 UE）不再适用于其首选节点（中心或 AP）两次，因此发现了中心 - AP 和 AP - UE 关联的双侧匹配算法收敛，算法将具有有限数量的迭代[32]。每当任何未关联的 AP 或 UE 分别在其优先级列表中没有中心或 UE 时，算法返回稳定匹配 μ_b^* 和 μ_a^*。

算法2　AP-UE 关联的匹配算法

```
1.  input: Φ_A, Φ_U and Q_a
2.  initialization: calculate the preference lists ≻_A and ≻_U,
    respectively
3.  each AP a ∈ Φ_A gives a ranking score to UEs based on ≻_A
4.  while (at least one UE is free AND its preference list ≻_U
    is not empty) do
5.      each free UE U_k applies to its most preferred AP in ≻_U
6.      if the Q_a is not overloaded then
7.          associate with the applicant UE
8.      else
9.          compare the ranking of the applicant with the
            currently associated UEs
10.         if rank(applicant UE) < rank(associated UEs) then
11.             discard the worst UE from the AP's current
                associations
12.             associate with the applicant UE
13.             discard the AP from the preference list of the
                discarded UE
14.             set the discarded UE as free
15.         end if
16.     end if
17. end while
18. output: μ_a^*
```

3.5.4　数值结果

在本节中，我们将给出传统的基于距离关联和分布式稳定匹配算法在下行链路中典型用户性能的数值结果。假设基于大规模 MIMO 的毫米波回传中心配备 256 个天线，工作频率为 60GHz，信道带宽为 2GHz，AP 工作在 73GHz，信道带宽为 2GHz，中心和 AP 的传输功率分别为 46dBm 和 30dBm。为了近似于中心 AP 和 UE 的方向性增益，我们考虑了对于两个毫米波中心和 AP，中心和 AP 的主波瓣增益为 18dB、旁瓣增益为 −4dB 的 10° 波束宽度。用户的指令波束近似为具有 90° 波束宽度的 10dB 波束。我们假设平均 LOS 距离为 141.4m。LOS 和 NLOS 链路（接入和回传）的路径损耗指数分别为 2 和 3.5。

首先，在图 3.2 中，我们比较了基于大容量 MIMO 的毫米波回传系统的回传链路及微波和毫米波频率的接入链路的 SINR 覆盖概率。在这里，我们认为每平方千米中，$\lambda_H = 5$，$\lambda_A = 100$，$\lambda_U = 300$，$Q_h = 10$，$Q_a = 4$。为了公平比较，还包括了类似的微波传输阻塞。如图 3.2 所示，在接入链路中，毫米波频率提供了比微波传输更好的 SINR 覆盖。

由于毫米波传输使用比微波传输更宽的信道带宽，因此对于毫米波通信，用户速率将更高。图 3.3 所示的毫米波和微波传输之间的平均用户速率的比较

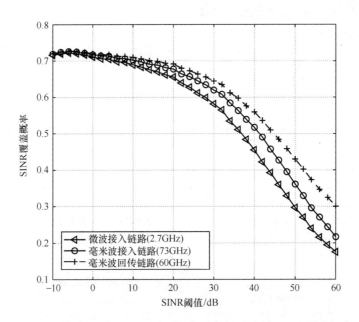

图 3.2　毫米波回传链路、毫米波和微波接入链路的 SINR 覆盖概率

表明，微波传输不能像 5G 小小区网络所期望的那样向用户端提供 Gbit/s 数据速率。即使对于密集部署的 SBS，毫米波频率也能提供多 Gbit/s 数据速率。我们还观察到，用户速率取决于中心的回传配额（Q_h）或最大限制。从图 3.3 可以看出，通过增加回传配额可以实现更高的平均用户速率，这使得中心能够为 AP 提供更多的回传链路。

为了分析关联方案对用户速率的影响，我们比较了传统的最近 AP 关联和稳定匹配关联的所有用户的下行速率。图 3.4 所示为不同回传配额（Q_h）和关联方案的总网络速率和平均用户速率。我们观察到，当用户密度越低，AP-UE 关联的竞争越少时，最近的 AP 关联比基于稳定匹配的关联更好。随着用户密度的增加，与所需 AP 相关联的竞争也增加。在这种情况下，由于几个因素，与距离相关的关联相比，稳定匹配关联的整体用户速率在增加。

在与距离相关的回传链路相关联的情况下，密集部署的 AP 竞争与最近回传中心相关联。中心根据要求到达 AP。一旦超过配额，即使知道可以实现更好的速率，中心也不具备改变关联的灵活性。如果最近的中心过载，则 AP 无法获得回传连接。类似地，对于接入链路关联，UE 将它们的关联请求发送到最近的 AP，并且如果没有超过 AP 配额，则将其关联。当用户关联的竞争增加时，更多的用户被拒绝。此外，在某些情况下，与距离相关的关联可能导致接收器的 SINR 较差。例如，如果目标 AP 最靠近的回传中心是 NLOS 或相当远的话，则到 AP 的下行链路传输可能会遇到较差的 SINR。

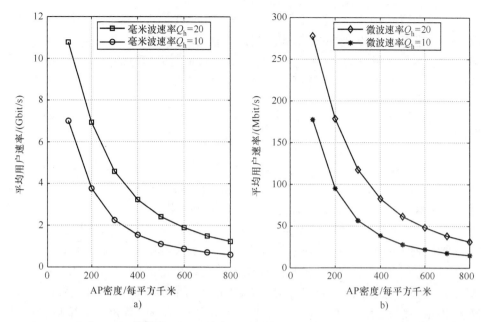

图 3.3　具有不同回传配额（Q_h）的接入链路的 a）毫米波和 b）微波平均用户速率

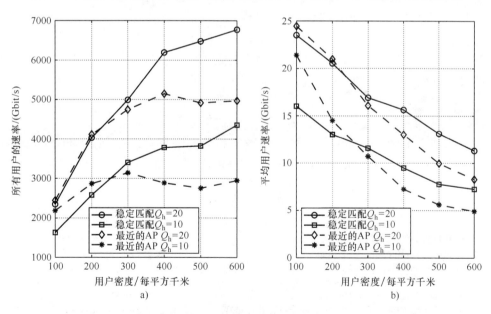

图 3.4　不同用户关联方案的 a）网络速率和 b）平均用户速率

　　另一方面，利用信道状态信息进行稳定匹配。根据速率信息计算中心、AP和 UE 的优先级列表，在回传链路关联期间，稳定匹配算法允许过载的中心重新检查当前与其相关联的 AP 的排名或速率。如果可以向请求的 AP 提供更好的速率，则中心可以更新其关联。如果它被优先级最高的中心拒绝，则稳定的匹配算法还为 AP 提供了一个适用于下一个优先中心的机会。下一个优先的中心能够以更好的速率来支持该请求的 AP。因此，这将允许 AP 在网络中服务更多的 UE。类似地，与最近的 AP 关联的 UE 相比，利用信道状态信息的 AP- UE 关联的稳定匹配算法能够在接入链路上实现更好的用户速率。

3.6 结论

我们已经讨论了未来 5G 小型网络的无线回传解决方案。由于大量的未许可频谱和高方向性，因此为了以有效的方式在这样的网络中提供大量 SBS 的回传连接，毫米波频谱是有益的。通过在回传系统中安装大量天线，可以使用大规模 MIMO 来增强毫米波传播的性能。我们已经描述了一个用于大规模 MIMO 功能的毫米波回传网络的易处理系统模型。为了最大限度地提高整体用户速度，我们制定了一个匹配规则，在回传和接入端提供稳定的匹配关联。结果表明，大规模 MIMO 功能的毫米波回传解决方案提供了可靠的 SINR 覆盖概率，与传统微波相比，接入链路中使用毫米波增加了平均用户速率。稳定匹配用户关联的分析表明，与密集小型网络中的距离相关的用户关联相比，信道状态感知匹配可以提供更好的用户速率。

这些结论激励了回传感知用户关联方案的设计，使得整个网络在密集的小型网络中得到最大化。为了进一步提高网络性能，可以在 AP 处并入大规模 MIMO，以便可以在获得更高的天线增益的同时服务更多的用户。

致谢

这项工作得到了加拿大自然科学与工程研究理事会（Natural Sciences and Engineering Research Council of Canada，NSERC）的支持。

参 考 文 献

[1] Andrews, J. G., Buzzi, B., Choi, W., Hanly, S. V., Lozano, A., Soong, A. C. K. and Zhang, J. C. (2014) What will 5G be?. *IEEE Journal on Selected Areas in Communication*, **32**(6), 1065–1082.

[2] Rangan, S., Rappaport, T. and Erkip, E. (2014) Millimeter-wave cellular wireless networks: Potentials and challenges. *Proceedings of the IEEE*, **102**(3), 366–385.

[3] Marzetta, T. L. (2010) Noncooperative cellular wireless with unlimited numbers of base station antennas. *IEEE Transactions on Wireless Communications*, **9**(11), 3590–3600.

[4] Siddique, U., Tabassum, H., Hossain, E. and Kim, D. I. (2015) Wireless backhauling of 5G small cells: Challenges and solution approaches. *IEEE Wireless Communications, Special Issue on 'Smart Backhauling and Fronthauling for 5G Networks'*, **22**(5), 22–31.

[5] Interdigital (2013) 'Small Cell Millimeter Wave Mesh Backhaul.' White paper. Interdigital, Wilmington, DE, USA. Available at: http://goo.gl/Dl2Z6V.

[6] Li, Y., Pappas, N., Angelakis, V., Pioro, M. and Yuan, D. (2015) Optimization of free space optical wireless network for cellular backhauling. *IEEE Journal on Selected Areas in Communication*, **33**(9), 1841–1854.

[7] Demers, F., Yanikomeroglu, H. and St-Hilaire, M. (2011) A survey of opportunities for free space optics in next generation cellular networks. In *Proceedings of the Communication Networks and Services Research Conference*, pp. 210–216, May.

[8] Zhao, Q. and Li, J. (2006) Rain attenuation in millimeter wave ranges. In *Proceedings of the IEEE International Symposium on Antennas, Propagation and EM Theory*, pp. 1–4, October.

[9] Rappaport, T., Sun, S., Mayzus, R., Zhao, H., Azar, Y., Wang, K., Wong, G., Schulz, J., Samimi, M. and Gutierrez, F. (2013) Millimeter wave mobile communications for 5G cellular: It will work! *IEEE Access*, **1**, 335–349.

[10] Daniels, R. C. and Heath, R. W. (2007) 60 GHz wireless communications: Emerging requirements and design recommendations. *IEEE Vehicular Technology Magazine*, **2**(3), 41–50.

[11] Roh, W., Seol, J., Park, J., Lee, B., Lee, J., Kim, Y., Cho, J., Cheun, K. and Aryanfar, F. (2014) Millimeter-wave beamforming as an enabling technology for 5G cellular communications: Theoretical feasibility and prototype results. *IEEE Communications Magazine*, **52**(2), 106–113.

[12] Rappaport, T. S., Murdock, J. N. and Gutierrez, F. (2011) State of the art in 60-GHz integrated circuits and systems for wireless communications. *Proceedings of the IEEE*, **99**(8), 1390–1436.

[13] Dussopt, L., Bouayadi, O. E., Luna, J. A. Z., Dehos, C. and Lamy, Y. (2015) Millimeter-wave antennas for radio access and backhaul in 5G heterogeneous mobile networks. *European Conference on Antennas and Propagation*, pp. 1–4, April.

[14] Bai, T. and Heath, R. W. (2014) Asymptotic coverage probability and rate in massive MIMO networks. In *Proceedings of the IEEE GlobalSIP*, pp. 602–606, December.

[15] Xiang, Z., Tao, M. and Wang, X. (2014) Massive MIMO multicasting in noncooperative cellular networks. *IEEE Journal on Selected Areas in Communication*, **32**(6), 1180–1193.

[16] Liu, A. and Lau, V. (2014) Hierarchical interference mitigation for massive MIMO cellular networks. In *IEEE Transactions on Signal Processing*, **62**(18), 4786–4797.

[17] Kammoun, A., Muller, A., Bjornson, E. and Debbah, M. (2014) Low-complexity linear precoding for multi-cell massive MIMO systems. In *Proceedings of EUSIPCO*, pp. 2150–2154, September.

[18] Hur, S., Kim, T., Love, D. J., Krogmeier, J. V., Thomas, T. A. and Ghosh, A. (2013) Millimeter wave beamforming for wireless backhaul and access in small cell networks. *IEEE Transactions on Communication*, **61**(10), 4391–4403.

[19] Wireless 20/20 (2012) 'Rethinking Small Cell Backhaul: A Business Case Analysis of Cost-Effective Small Cell Backhaul Network Solutions.' White paper, July. Available at: http://www.wireless2020.com/docs/RethinkingSmallCellBackhaulWP.pdf.

[20] Taori, R. and Sridharan, A. (2015) Point-to-multipoint in-band mmWave backhaul for 5G networks. *IEEE Communications Magazine*, **53**(1), 195–201.

[21] Niu, Y., Gao, C., Li, Y., Su, L., Jin, D. and Vasilakos, A. V. (2015) Exploiting device-to-device transmissions in joint scheduling of access and backhaul for small cells in 60 GHz band. *IEEE Journal on Selected Areas in Communication*, **33**(10), 2052–2069.

[22] Singh, S., Kulkarni, M. N., Ghosh, A. and Andrews, J. G. (2015) Tractable model for rate in self-backhauled millimeter wave cellular networks. *IEEE Journal on Selected Areas in Communication*, **31**(10), 2196–2211.

[23] Coldrey, M., Koorapaty, H., Berg, J., Ghebretensa, Z., Hansryd, J., Derneryd, A. and Falahati, S. (2012) Small-cell wireless backhauling: A non-line-of-sight approach for point-to-point microwave links. In *Proceedings of the IEEE Vehicular Technology Conference*, pp. 1–5, September.

[24] Alkhateeb, A., Mo, J., Gonzalez-Prelcic, N. and Heath, R. W. (2014) MIMO precoding and combining solutions for millimeter-wave systems. *IEEE Communications Magazine*, **52**(12), 122–131.

[25] Gao, Z., Dai, L., Mi, D., Wang, Z., Imran, M. A. and Shakir, M. Z. (2015) MmWave massive-MIMO-based wireless backhaul for the 5G ultra-dense network. *IEEE Wireless Communications*, **22**(5), 13–21.

[26] Wang, N., Hossain, E. and Bhargava, V. K. (2015) Backhauling 5G small cells: A radio resource management perspective. *IEEE Wireless Communications*, **22**(5), 41–49.

41

[27] Zheng, K., Zhao, L., Mei, J., Dohler, M., Xiang, W. and Peng, Y. (2015) 10Gbps-HetSNets with millimeter-wave communications: Access & networking challenges and protocols. *IEEE Communications Magazine*, **53**(1), 222–231.

[28] Bai, T., Vaze, R. and Heath, R. W. (2014) Analysis of blockage effects on urban cellular networks. *IEEE Transactions on Wireless Communication*, **13**(9), 5070–5083.

[29] Bai, T. and Heath, R. W. (2015) Coverage and rate analysis for millimeter-wave cellular networks. *IEEE Transactions on Wireless Communication*, **14**(2), 1100–1114.

[30] Hunter, A., Andrews, J. and Weber, S. (2008) Transmission capacity of ad hoc networks with spatial diversity. *IEEE Transactions on Wireless Communication*, **7**(12), 5058–5071.

[31] Bethanabhotla, D., Bursalioglu, O., Papadopoulos, H. C. and Caire, G. (2014) User association and load balancing for cellular massive MIMO. In *Proceedings of Information Theory and its Applications (ITA)*, pp. 1–10, February.

[32] Roth, A. E. and Sotomayor, M. A. O. (1992) Two-sided matching: A study in game-theoretic modeling and analysis, Cambridge University Press, pp. 485–541.

[33] Jorswieck, E. (2011) Stable matchings for resource allocation in wireless networks. In *Proceedings of the 17th International Conference on Digital Signal Processing (DSP)*, pp. 1–8, July.

[34] Semiari, O., Saad, W., Dawy, Z. and Bennis, M. (2015) Matching theory for backhaul management in small cell networks with mmWave capabilities. In *Proceedings of the IEEE ICC*, pp. 3460–3465, June.

[35] Sekander, S., Tabassum, H. and Hossain, E. (2015) A matching game for decoupled uplink–downlink user association in full-duplex small cell networks. In *IEEE Globecom'15*, December.

云端无线接入网络中的灵活集中式前传

JensBartelt 和 Gerhard Fettweis
德国德累斯顿工业大学
Dirk Wübben
德国不来梅大学
Peter Rost
德国慕尼黑诺基亚网络
Johannes Lessmann
NEC 欧洲实验室，海德堡，德国

4.1 引言

以分散的方式组建 4G 移动网络的架构，例如 3GPP LTE（Long-Term Evolution，长期演进），使完整的基带处理包含了 PHY 层，MAC 层和在 BS 执行网络层处理的部分。IP 层用户数据在 BS 和网络核心之间转发，这需要通常被称为 BH（Backhaul，回传）网络的相对适度的传输网络。

这种分散式概念的替代方案是集中式 RAN 功能。所谓的集中式 RAN 或 C-RAN 架构的目的是将 BS 的功能降低到所谓的 RRH（Remote Access Network，远程无线电头），后者只执行模拟处理以及 RRH 和集中式 BBU 之间的数字采样。这种集中式架构已经在一些 4G 网络中被使用，并且正在积极地被考虑用于未来的移动网络，因为它提供了几个优点。首先是减少运营和资本支出。通过减小尺寸，这些部位可以更小，能量消耗可以降低，特别是不需要主动冷却。由于所有的 BBU 都位于集中的位置，因此维护也变得容易得多。

接下来，BBU 的集中化使得协作处理技术更容易实现。诸如 CoMP[2,3] 或 MPTD（Muti-Point Turbo Detection，多点涡轮检测）[4] 的技术需要在 BS 之间进行广泛的信号交换，并且在 BH 链路上遭受很大的延迟。因此，如果在集中式 BBU 中转发和处理所有信号，则它们将更容易实现。

最后，处理器技术和虚拟化方面的进步使 GPP（General-Purpose Processor，通用处理器）的基带处理能够实现。C-RAN 的早期部署使用由 ASIC（专用集成电路）、FPGA（现场可编程门阵列）和 DSP（数字信号处理器）等专用硬件组成的集中式 BBU。然而，这种方法仅仅意味着模拟前端与将在共享分散架构中的数字基带的物理分离。每个 BS 需要单独的 BBU，并且需要在 BBU 之间交换信号，这仍然使联合处理变得困难。最近的方法[5]主张使用更灵活的 GPP，它通常可以在 PC 或服务器中找到。因此，可以促进虚拟化和 IT 行业中使用的云计算的概念[6]。虽然这进一步简化了维护和升级，但也引入了规模经济，可以使用标准化硬件，进一步降低 CAPEX。此外，虚拟化允许根据不同的负载变化平衡不同 BS 之间的处理负担，从而降低需要部署的总处理能力。

C-RAN 的这些优点来自于一个苛刻的传输网络要求。在 C-RAN 架构中，传输网络在 BBU 和 RRH 之间转发样本，通常被称为 FH（Fronthaul，前传）网络。为了实现高效、集中和协同的处理，FH 网络必须提供巨大的容量及较低的总延迟和抖动。事实上，如果没有确定尺寸，FH 网络可能会成为未来网络性能发展的瓶颈。此外，FH 网络部署非常昂贵，因此简单的过度配置在经济上不可行。已经研究了几种方法来降低这些 FH 要求，例如通过压缩 FH 数据[7]或通过 RAN 和 BH/FH 网络的联合优化降低成本[8]。在本章中，我们想要描述另一个有希望的方法来解决未来网络中的 FH 挑战——RAN 功能的灵活集中化[5,9]。如上所述，目前完全分散或完全集中的架构是两种极端的方法。利用灵活的功能拆分，基带处理的一部分将位于 BS 中，另一部分将位于集中处理小区中。在本章中，我们将讨论如何降低 FH 网络的需求，同时仍然部分保持集中式的优势[10]。为此，我们将首先介绍考虑的网络架构，并解释灵活集中化的不同选择。我们将进一步描述有助于实现这一方法的技术，并描述如何灵活地将 FH 和 BH 网络融合到统一的传输网络中。

4.2 无线电接入网络架构

图 4.1 所示为当前移动网络的架构，说明了完全分散、完全集中和灵活的架构之间的区别。用户（LTE 中称为 UE）位于网络边缘，最终要与网络另一端的核心进行通信。然后核心通过网关将流量路由到目的地，并负责网络管理和策略控制。为了到达核心，UE 经由 RAN 链路与 BS 进行通信。在完全分散的网络中，BS 在 PHY 层和 MAC 层以及 PDCP 上执行基带处理。然后可以通过 BH 链路将流量作为 IP 包转发到核心。相比之下，在完全集中的架构中，所有 PHY、MAC 和 PDCP 处理不是在 BS 处执行，而是在通过 BH 连接到核心的云处理中心中执行的。云处理中心通过 FH 与 BS 交换数字样本，通常使用 CPRI（Common Public Radio Interface，公共无线电接口）[11]标准。FH 可以分为收集和分发数据到多个 BS 的聚合网络，所谓的"最后一英里"表示与 BS 的最终链接。对于 FH

和 BH，可以使用许多拓扑（星形、链式、环形和树状）[12]。

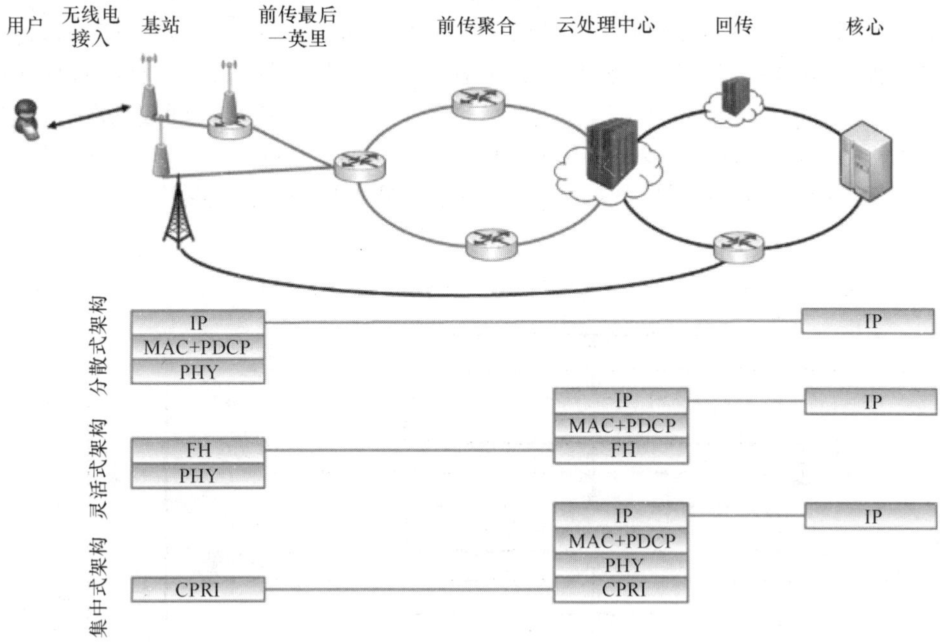

图 4.1　分散式、灵活和集中式网络的系统架构和协议栈

完全分散或完全集中的基带处理的两个目前使用的概念是基本权衡的两个极端。处理越集中，越容易实现协同处理，节省成本的潜在收益越高，维护和升级就越容易。这是一个苛刻且昂贵的 FH 网络。另一方面，分散式方法需要一个简单的 BH 网络，但是会使上述操作更加困难或昂贵。因此，对于未来的移动网络架构，仍然提供高集中度的增益但是降低 FH 要求的中间选项是有意义的。在下一节中，将描述大幅降低 FH 要求的 4 个中间拆分选项。

4.3　功能拆分选项

采用 LTE[13] 作为例子，图 4.2 所示为典型移动网络 BS 中更详细的 PHY 层信号处理链。在 DL（Downlink，下行链路）中，MAC 层用户数据在被调制和预编码之前首先被编码用于 FEC（Forward Errow Correction，前向纠错）。这些操作根据当前的信道质量和信道状态进行，这些信道状态必须通过测量得到。接下来，用户和控制数据被映射到物理资源，例如子载波和时隙中，从而复用不同的逻辑信道，例如控制和数据信道。此阶段还添加了用于同步和信道测量的附加信号。在 LTE 中，该资源映射在频域中执行。在将信号变换到时域之后，添加 CP（Cyclic Prefix，循环前缀）并对数据进行数字滤波。最后，将数据进行

D-A 转换，转换为载波频率，然后通过天线发送。

在 UL（Uplink，上行链路）中，该过程相反。从 UE 接收的射频信号首先被变频到基带，然后通过采样和量化，并进行数字滤波。在 CP 被去除之后，数据被转换到频域，其中不同的信道被从物理资源中解映射。在将信号转换回时域之后，对符号进行检测和解码。然后将所得的 MAC 数据转发到较高层。在这项工作中，我们将把 HARQ（Hybird Automatic Repeat Request，混合自动重传请求）视为解码过程的一部分，尽管它经常被看做 MAC 层的一部分。

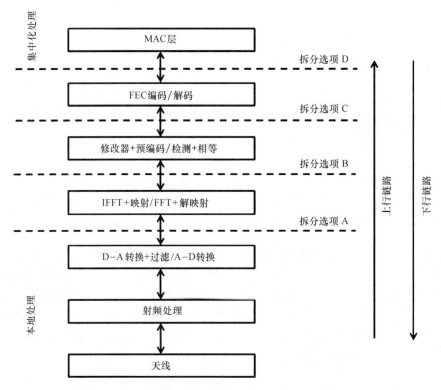

图4.2 功能拆分选项（经 IEEE 授权从文献［10］转载）

在这个处理链中，分离 BS 和中央处理小区之间的处理的 4 个选项是非常有希望的。这些在图 4.2 中显示为拆分选项 A ~ D。

拆分选项 A 对应今天实施的 C-RAN 中使用的拆分。这种拆分的 FH 接口在CPRI[11]中是标准化的。在 DL 中，集中执行完整的基带处理，并将数字样本转发给 BS。在 UL 中则相反，所接收的信号仅被数字化、过滤并转发。由于所有的基带处理都是集中的，因此在执行类型的联合处理方面没有缺点。

在拆分选项 B 中，映射/解映射是分散的。在 DL 中，这意味着用户和控制数据在频域中单独转发。同步和参考信号可以从中央处理小区转发到 BS，也可

（续）

拆分选项	数 据 速 率	延 迟	抖 动
B	天线数量 使用的子载波数 加载 频域量化（低位数）	信道一致性时间 预编码必须能够跟随信道	排队不应导致总延迟增加
C	空间层数 加载 调制顺序 量化位数 1（DL）或 3（UL）	HARQ 确认的最大延迟	排队不应导致总延迟增加
D	空间层数 加载 调制顺序 码率	高层应用的要求	排队不应导致总延迟增加

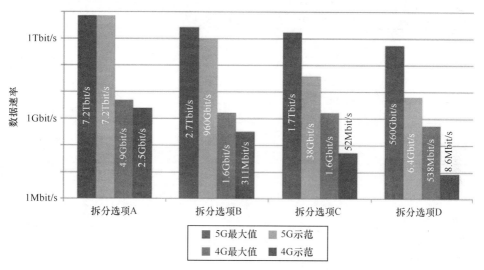

图 4.3 当前和未来网络的不同功能拆分的数据速率要求

正如我们之前讨论的，通过 3 大进步增加预计未来网络的要求，即引入大规模 MIMO、利用更高的载波频率和带宽。因此，图 4.3 还显示了具有 100 个天线、采样频率为 1.5GHz 的潜在 5G 系统的数据速率。由于高阶调制方案也在讨论之中，因此假设为 1024QAM。为了解决 1024QAM 中的较低符号距离，还考虑了较高的量化器分辨率。参数的完整列表可以在表 4.2 中找到。在仅列出一个参数的行中，示例性和最大值是相同的。

从所选择的参数来看，显而易见的是，潜在的 5G 系统将进一步提高已经很苛刻的要求。具体而言，天线数量的缩放清楚地表明，使用天线回传的完全集中是不可行的。事实上，数据速率提高了 3 个多数量级。虽然可以预期传输网络技术在未来会有所发展，但在 5G 移动网络所考虑的时间框架内，无法预期这种增长。从图 4.3 可以看出，尽管较高层拆分会导致通常性的降低，但最大可能数据速率和示例性速率之间也存在重要差异。这个差异将在第 4.5 节中有详细的讨论。

此外，表 4.3 显示了较高载波频率、较大带宽和较高 UE 速率对信道相干时间和采样持续时间的影响，进而确定完全集中式系统（拆分选项 A）的最大可容忍延迟和延迟精度。从 5G 系统的预测数据来看，这些要求显然比 4G 系统更具挑战性。

表 4.2　计算数据速率要求的参数

符号	说　明	5G 最大/示范	4G 最大/示范
N_A	天线数量	100/100	4/2
N_L	空间层数量	50/8	4/1
N_{SC}	子载波数量	60k/50k	1200/1080
N_S	每帧的数据符号数量	14/12	14/12
f_s	采样频率（带宽）	1.5GHz	30.72MHz
N_Q	拆分选项 A、B、C、D 的每个 I/Q 尺寸的量化位数	18, 12, 3, 1bit	15, 9, 3, 1bit
γ	FH 过载	1.33	1.33
T_F	帧持续时间	1ms	1ms
η	负载利用	1.0/0.5	1.0/0.5
M	调制顺序	1024/16	64/4
R_c	码率	1.0/0.5	1.0/0.5

表 4.3　4G 和示范 5G 系统对拆分选项 A 的延迟要求

参数	4G	5G
载波频率 f_C	2GHz	70GHz
UE 最大速度 v	250km/h	500km/h
信道	914μm	13μm
相干时间/最大延迟 $(\approx 0.423 \frac{c}{v \cdot f_c})$ [22]	—	—
带宽	20MHz	1GHz
采样 f_s	30.72MHz	1.5GHz
采样持续时间/延迟精度（$=1/f_s$）	32.6ns	0.67ns

4.5　灵活集中网络中的统计复用

从前一节观察到，灵活的拆分通常会通过不转发信号的某些部分来降低数据速率要求。拆分 A 的一个主要缺点是对目前在 C-RAN 中使用的拆分，其特征在于 FH 数据速率始终是恒定的，并且不随实际用户流量而变化。随着高层拆分，这种耦合逐渐增加，这引起了灵活功能拆分的另一个重要方面——统计复用增益。

如第 4.2 节所述，FH 网络通常由两部分构成，即连接各个 BS 的所谓"最后一英里"和聚合网络，将来自多个 BS 的流量聚合并将其转发到核心网络。因为单个 BS 的数据速率得到推算，所以第 4.4 节提出的观察结果主要适用于最后一英里。在聚合网络中，成倍数的数据流必须通过单个链路转发。由于单个最后一英里的流量是时变的，因此这些聚合链路的尺寸现在构成了一个权衡：一方面，聚合网络必须能够转发峰值流量，但另一方面，峰值流量只能发生在非常有限的次数，导致大部分时间内昂贵部署的网络利用不足。在下文中，我们将描述如何适当地对网络进行维护。

4.5.1　每个基站的 FH 数据速率分布

FH 流量的方差对于 4 个功能拆分选项是不同的，并且取决于式（4.1）~ 式（4.4）中的相应参数。方程中的变量是 N_L，η，$m = \log_2 M$ 和 R_c。负载 η 随着用户生成的流量需求变化而变化，剩余的参数取决于用户的信道质量。为了使用大量的层，信道需要提供高空间隔，而剩余的参数取决于 SINR。为了说明这些不同参数的影响，图 4.4 所示为不同拆分选项的单个 BS 的 CDF（Cumulative Distribution Function，累积分布函数）。SINR 分布来自于密集城市情景下的系统级模拟。由于负载分布影响最大，因此我们给出了满载和可变负载的 CDF 均匀分布在 0 ~ 1。其余的参数与表 4.2 中的示例性 4G 系统相同。

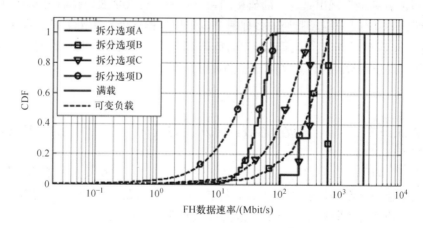

图 4.4　具有满载（实线）和示例性可变负载（虚线）的不同功能拆分选项的数据速率的 CDF（经 IEEE 授权从文献 [10] 转载）

可以看出，拆分选项 A 的数据速率是恒定的，这是主要的缺点。拆分选项

B 仅随载荷而变化，因此在满载情况下为常数。对应 3 个调制方案 4QAM、16QAM 和 64QAM，拆分选项 C 随着调制方式而变化，这可以从满载情况的 3 个步骤看出。类似地，拆分选项 D 取决于 MCS（Modulation and Coding Shemes，调制和编码方案），因此可以观察到 28 个步骤，对应于在该示例中使用的 28 个 MCS。对于负载变化的情况，这些分布又与负载分布进行了卷积。一般来说，我们可以观察到，每个拆分选项中的最大数据速率降低，数据速率变得更加剧烈。这种方差被用于统计复用。

4.5.2　中断率

为了避免网络的峰值流量，通常定义一定的中断概率[23]，也就是说，在一定的时间内，网络不能传输提供的流量。这可能会导致用户的 QoE 降低，但运营商接受，因为它可以显著降低所需的 FH 容量。作为示例，假设一个 BS 的流量近似于高斯分布 $D \sim \mathcal{N}(\mu_D, \sigma_D^2)$，那么实际数据速率 D 超过部署容量 D_d 的概率可以计算为

$$P_o = P(D > D_d) \frac{1}{2} \mathrm{erfc}\left(\frac{D_d - \mu_D}{\sqrt{2\sigma_D^2}}\right) \qquad (4.5)$$

式中，erfc 是补码误差函数。这种概率也称为中断概率。

相反，我们可以计算必须部署的以产生一定中断概率的容量。

$$D = \mathrm{erfc}^{-1}(2P_o)\sqrt{2\sigma_D^2 + \mu_D} \qquad (4.6)$$

由于该数据速率与相应的数据速率分布的百分位数相同，因此我们写入 D_{1-P_o} 以便容易地识别出具有中断概率的数据速率，也就是说，我们用 D_{99} 以识别需要部署的具有 1% 中断概率的数据速率。我们也称这个数据速率是中断率。

由于拥塞的影响，在低于 100% 的负载下已经可以发生停电。为此，中断率通常除以安全系数 ϵ 来计算实际部署的数据速率 D_d[23]。

$$D_d = \frac{D_{1-P_o}}{\epsilon} \qquad (4.7)$$

例如，1% 的中断率和安全系数 $\epsilon = 0.9$。意味着在 99% 的时间内，该链接将被加载不到 90%。

当然，对于这里使用的高斯分布之外的分布，可以进行类似的观察。然而，如果数据速率遵循变化的分布，则中断能力才是相关的。因此，拆分选项 A 的恒定数据速率的中断容量总是等于最大数据速率。

4.5.3　聚合链路统计复用

当加入具有不同数据速率的多个流时，统计复用增益在聚合网络中生效。衡量聚合链路的最直接的方法是简单地缩放一个 BS 的数据速率，其中 BS 的数

量是聚合，例如，如果 N 个 BS 被聚合，则

$$D_{\text{d,aggr,nomux}} = ND_{\text{d}} = \text{erfc}^{-1}(2P_{\text{o}})N\sqrt{2\sigma_{\text{D}}^2} + N\mu_{\text{D}} \tag{4.8}$$

然而，这忽略了统计复用。几个不同数据流的聚合可以看做是随机变量的总和。从中心极限定理[24]可知，随机变量之和的分布将会收敛于高斯分布。如果所有的数据速率遵循相同的分布，那么这个总和实际上将 $D_{\text{d,aggr}} \sim \mathcal{N}(N\mu_{\text{D}}, N\sigma_{\text{D}}^2)$。因此，中断概率现在可以计算为

$$P_{\text{o,aggr}} = P\left(\sum D_i > D_{\text{o,aggr}}\right) = \frac{1}{2}\text{erfc}\left(\frac{D_{\text{o,aggr}} - N\mu_{\text{D}}}{\sqrt{2N\sigma_{\text{D}}^2}}\right) \tag{4.9}$$

中断速率为

$$D_{\text{d,aggr}} = \text{erfc}^{-1}(2P_{\text{o}})\sqrt{N}\sqrt{2\sigma_{\text{D}}^2} + N\mu_{\text{D}} \tag{4.10}$$

PDF（Probabity Density Function，概率密度函数）与高斯分布的收敛如图 4.5 所示，以拆分选项 B 为例。负载均匀分布在 0～1，为单个 BS 产生矩形 PDF。当添加多个变化的数据流时，对应的 PDF 将被卷积。这产生了两个 BS 的三角分布，并且对于 4 个和 8 个 BS 产生了越来越多的类高斯分布。图 4.5 另外说明了中断率背后的理由。虽然 8 个 BS 的最大数据速率 D_{100} 接近 5Gbit/s，但是 1% 的中断率 D_{99} 约为 3.6Gbit/s。因此，通过仅接收 1% 的中断概率可以节省约 1.4Gbit/s 的聚合容量。

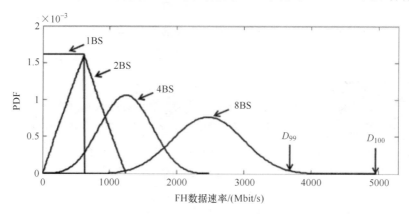

图 4.5　1、2、4 和 8 个 BS 的聚合 FH 流量的数据速率百分位数的 PDF

从式（4.10）可以看出，聚合中断率标准偏差为 $\sqrt{N}$，而式（4.8）中的中断率为标准偏差的 N 倍。该差异对应于统计复用增益。实际上，这种增益是由于大流量不太可能同时承载峰值流量，因此聚合概率分布被平坦化。所得到的复用增益可以计算为

$$g_{\text{mux}} = \frac{D_{\text{d,aggr,nomux}}}{D_{\text{d,aggr}}} = \frac{\sqrt{N}\left(\alpha\dfrac{\sigma_{\text{D}}}{\mu_{\text{D}}} + 1\right)}{\alpha\dfrac{\sigma_{\text{D}}}{\mu_{\text{D}}} + \sqrt{N}} \tag{4.11}$$

式中，$\alpha = \sqrt{2}\,\mathrm{erfc}^{-1}(2P_o)$。对于大量的 BS，公式如下：

$$\lim_{N \to \infty} g_{\text{mux}} = \alpha \frac{\sigma_D}{\mu_D} + 1 \tag{4.12}$$

图 4.6 使用第 4.5.1 节的数据速率分布说明了该复用增益。x 轴显示部署的 FH 数据速率 $D_{\text{d,aggr}}/\epsilon$，$P_o = 99\%$ 且 $\epsilon = 0.9$，并且 y 轴可以用相应容量的单个聚合链路支持的 BS 数量。

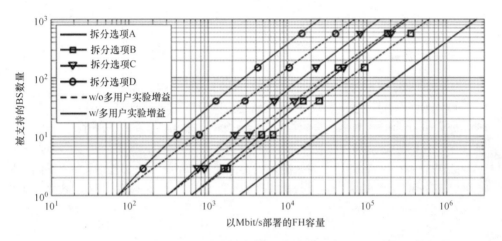

图 4.6　支持的 BS 数量与部署的具有和不具有复用增益功能拆分选项的 FH 容量的数量（分别为实线和虚线）（经 IEEE 授权从文献［10］转载）

对于拆分选项 A，由于 FH 数据速率恒定，因此没有聚合增益。对于较高层的拆分，可以观察到高达 3 倍的统计复用增益，对于较大数量的 BS 和更高层的拆分，增益更显著。这可以再次用概率方法解释。

式（4.1）～式（4.4）包含 4 个不同的因素 N_L、η、m 和 R_c。调制方案和码率通常一起选择，因此不是独立的。从而，我们定义频谱效率为

$$s = m \cdot R_c \tag{4.13}$$

否则，我们可以预期 N_L、η 和 s 是独立的。这样，这些变量乘积的平均值可以计算为

$$\mu_D = \mu_{N_L}\mu_\eta\mu_s \tag{4.14}$$

方差由式（4.15）给出

$$\sigma_D^2 = (\sigma_{N_L}^2 + \mu_{N_L}^2)(\sigma_\eta^2 + \mu_\eta^2)(\sigma_s^2 + \mu_s^2) - \mu_{N_L}^2\mu_\eta^2\mu_s^2 \tag{4.15}$$

从式（4.12）和式（4.15）我们可以看到，总的复用增益取决于 σ_D 和 μ_D 的比值，这依次取决于参数 N_L、η、m 和 R_c 的均值和方差。总之，可以说统计多路复用增益越大，各个参数的变化越大。图 4.7 给出了一个图示。它显示了支持的 BS 数量与部署的拆分选项 D 的 FH 容量，但是用于不同的负载分布。负

载均匀分布在 $0 \sim 1$、$0.2 \sim 0.8$、$0.4 \sim 0.6$，$\eta = 0.5$。这产生具有相同平均负载 $\mu_\eta = 0.5$ 的 4 个分布，但分别为 0.0833、0.03、0.0033 和 0 的不同方差。可以看出，如式（4.12）所预测的，对于较大的方差，复用增益更高。换句话说，如果流量变化很大，则不考虑多路复用增益的过度供应会更糟。

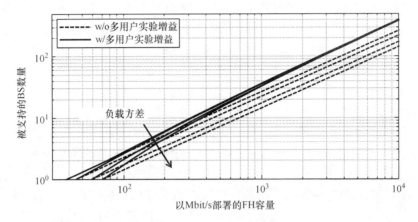

图 4.7   支持的 BS 数量与具有不同方差均匀载荷分布的拆分选项 D 的 FH 容量数

4.6   前传和回传技术的融合

灵活功能拆分的概念描述了当前称为 FH 和 BH 之间的逐渐变化。由于这两个"极端"版本的拆分要求非常不同，因此它们实际上被部署为网络的两个不同部分。这意味着不仅部署了单独的硬件，而且在完全不同，并且在很大程度上演变为不兼容的标准。虽然这是由于历史的发展，但它却是一个非常不寻常的解决方案，因为它不仅会增加成本，而且会使网络的管理更加复杂。更重要的是，如果灵活的功能拆分遵循相同的方法，即为每个拆分选项开发不同的硬件和标准，则复杂性将进一步增加。相反，我们非常希望融合当前两个选项的技术，并设计统一的传输网络。这种统一的传输网络不仅应该能够支持任何数量不同的功能拆分，而且还应该与基础接入技术相关，从而为未来几代移动网络带来好处。在下文中将介绍不同层面上现有解决方案的概述，并讨论统一技术的融合。

4.6.1   PHY 层技术

PHY 层技术对 FH 网络中可以实现的性能有限制。此外，它们对 FH 链路的成本有很大的影响，因为每种技术都需要特定的硬件。通常，PHY 层技术可以分为有线和无线技术。有线技术可以进一步分为光纤/光技术和铜/电技术，而无线技术通常由它们利用的载波频率来区分。

目前 C-RAN 部署中最直观和最广泛使用的选项是光纤。它提供十几 Gbit/s、低延迟和高可靠性的非常大的容量。该范围仅受可接受延迟和中心成本的限制。到目前为止，在完全集中的 C-RAN 中已经使用了专用点对点链路，这意味着一个光纤核心或一个波长信道专用于从 RRH 到 BBU 的 FH 链路。为了利用统计复用，并避免在灵活的 C-RAN 部署中光纤的重用性不足，将来可以使用时分的光网络[25]。光纤技术的主要缺点是由于需要广泛的土木工程，因此部署成本高昂且部署缓慢。添加正确的问题，禁止光纤连接到每个 BS，特别是在小小区密集部署的情况下。虽然一些运营商有自己的光纤网络，但其他运营商则不得不依赖昂贵的第三方租赁，从而进一步使流量案例复杂化。

在经典的 BH 背景下，非常高层的拆分正在使用许多其他 PHY 技术，使其成为灵活的 C-RAN 解决方案的主要候选者。诸如同轴电缆的铜基解决方案与光纤面临着同样的经济问题，但是还能提供较少的容量。在某些情况下，可以利用现有部署来减轻这种影响。例如，如果提供相应的激励，则用户的 DSL 连接可用于为室内 BS 提供 FH。然而，由于 DSL 技术的容量和协议开销有限，因此即使是像 G. fast[26] 这样的新技术，也只是高层拆分的一个选择。一般来说，无线方案提供了更便宜和更快速部署的好处，因为只需要较少的民事工作。另一方面，它们的范围和可靠性受到更高的路径损耗的限制。

一种无线传输解决方案使用与接入链路相似的载波频率，即低于 6GHz 的频段。这些更适合于高层拆分，因为它们各自的容量与接入链路技术相当。延迟也可能相当高，因为必须遵守与接入链路类似的协议。虽然这些技术原则上可以使用与接入链路相同的硬件，并因此受益于规模经济，但是必须获取额外的许可频段，或必须分配已经可用的频段，这会再次使整体部署相当昂贵。另一方面，低于 6GHz 的技术提供点对多点连接，可大大减少所需天线的数量，从而降低 CAPEX。

高达几十 GHz 的微波技术已经在经典的 BH 中得到广泛应用，也可以作为低层拆分的选择。目前高达 1Gbit/s 的容量和几十 km 的范围，尽管不是聚合网络，但是它可以用于"最后一英里"。主要缺点是再次使用许可频段，这增加了成本和部署时间。此外，有限的范围要求沿着传输路径为中间天线盘设置潜在的多个固定桅杆。这导致需要房地产或屋顶接入，所有这些都将导致管理和成本的相关开销。

毫米波技术有时也称为 V 波段或 E 波段技术，取决于相应的 60 ~ 90GHz 的频段，是无线 FH 的另一个好选择。虽然它仍然是一项相对较新的技术，但它已经可以提供高达 10Gbit/s 的容量，并且每跳延迟低达 10ns。此外，它利用无许可或轻许可的频段，这在成本和部署时间方面是有利的。然而，毫米波频率会遭受相对较高的自由空间路径损耗。虽然这可以用高增益天线部分补偿，但它仍然将总频谱限制在 E 波段最多几 km，V 波段几百 m。通过目前对具有数百个单独天线元件的大规模天线阵列的研究，可以使用波束成形技术来实现灵活选择点对点链路。因此，可以实现在流量分布巨大变化情况下的互联的时间共享或快速重新配置。由于毫米波频率（60GHz 时为 5mm）的低波长，因此相应的天线阵列可以相对较小。

最后，FSO 是利用激光进行通信的无线技术。虽然它具有与毫米波技术相似的容量和延迟，但由于其较窄的波束宽度，它容易发生偏移和风振。诸如雾或雪的天气效应也会限制范围或降低其可靠性。尽管如此，在这些影响可以忽略的情况下，这是最后一英里的可行选择。

总而言之，功能拆分更灵活的方法可以受益于 FH 技术更异构的选择。较低的成本和更高的部署速度使得无线技术在最后一英里和第一级聚合方面具有吸引力。范围限制可以通过以增加延迟为代价的多跳链来克服。然而，无可否认的是，聚合网络的较高级别必须由光纤组成，其可以单独提供聚合数百个 BS 的能力。

为了进一步说明所讨论的技术对于不同功能拆分的适用性，图 4.8 所示为 4 种拆分选项 A ~ D 在延迟和容量方面（对于单个 BS）与不同技术的要求[27]。可以看出，拆分选项 B 或 C 的利用率已经能够对可适用的 PHY 技术进行更多的异构选择。应该指出的是，所有讨论的 FH 技术都可以在未来推进；然而，接入链路技术将同样进步，因此映射仍然被认为对未来的网络是可行的。

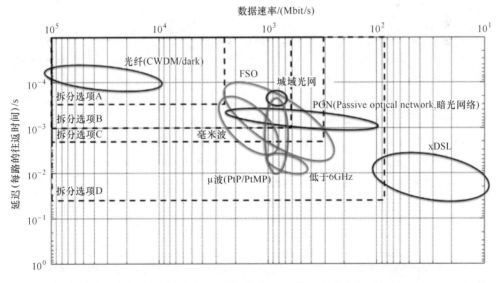

图 4.8　功能拆分要求与物理层技术（经 IEEE 授权从文献［10］转载）

4.6.2 数据/MAC 层技术

在 MAC 层上，目前存在两个完全不同的标准，对应于功能拆分的两个不同极端，即完全集中化和全面分散化。在完全集中的 C-RAN 架构中，CPRI 已经发展成为数字 FH 事实上的行业标准，而分散式网络则是经典 BH 利用以太网。在数据平台协议方面，这两个标准的不兼容主要来自于使用的帧格式不同，以及 CPRI 引入的对定时和抖动的严格要求。这种不兼容性导致了必须部署两个单独的传输网络，这是一个次优解决方案，因为它增加了部署成本和管理开销。

乍一看，引入灵活的拆分似乎使这个问题进一步复杂化，因为现有的两个标准都不能兼容所有中间拆分。然而，这提供了设计统一的传输技术的机会，它不仅与现有的两个标准兼容，而且具有广泛的功能拆分。这种统一的技术不需要从头开始设计，可以基于现有标准之一。目前已经开展了调查研究，以使 CPRI 能够通过以太网实现[28]，同时也考虑到将任意数据映射到以太网帧的可能性。这种统一的帧格式的主要挑战是满足低延迟和抖动方面的严格要求。为了实现这一点，必须实现时间同步的大幅改善以及确定性延迟的减少。GPS 辅助同步或使用精确时间协议的同步以太网[29]可用于此。在容量方面，10Gbit/s 以太网已经标准化（802.3.ae，ak，文献［30］），研究组正在努力使数据速率高达 400Gbit/s[31]。另一方面，最近的举措旨在以 NGFI（Next Generation Fronthaul Interface，下一代前置接口）的形式来规范更灵活的 FH[20]。然而，虽然其目标是使 FH 更加灵活并支持更高层次的拆分，但目前还没有考虑将其用于 BH。

4.6.3 网络层技术

网络层负责网络节点之间的交换和路由交换。因此，它对融合的传输网络架构具有决定性的影响。虽然 BH 网络本来就与包交换一起工作，但 FH 网络通常使用专用的点对点连接。融合传输网络必须支持包交换和点对多点连接，因为这简化了实施和管理，并允许任意放置集中处理元件，如第 4.7 节所述。目前，它们只能位于具有足够专用链路的站点，以支持 RRH，这导致少数大数据中心的集中。然而，为了使 RAN 功能从一个数据中心快速迁移到另一个数据中心，并且适应跨越 BS 的不同负载分布，包交换是唯一有效的选择。

一个挑战是由于交换机和路由器的处理时间，引入了额外的延迟。特别是对于具有许多跳的非常大的网络，这可能使低层功能拆分不可行。然而，低延迟切换的最新进展已将交换延迟降至约 100ns，比全集中式网络要求低 3 个数量级。

更重要的影响来自于排队，因为这不仅会引入额外的延迟，而且由于队列的长度随包到达的变化而变化，排队也会是不确定的。可以使用包的优先级来减少某些包的总等待时间。这通过 QoS 类标识符进行管理；然而，在 QoS 类中提供公平性的选择手段是概率调度方法，这增加了另一层不可预测性。对于融合传输网络架构，必须找到新的方法来使延迟更可预测，并保证最大延迟。可以引入用于 RAN 功能的特殊 QoS 等级，将相应的数据包排在首位。对于拥塞时间，可以考虑丢弃其他数据包。高层应用的要求实际上比 RAN 封装要大很多，例如，与完全集中的 RAN 架构所需的数百 μs 相比，IP 语音通话需要数十 ms 的延迟。因此，RAN 而不是应用层要求将主导融合的 BH/FH 网络的设计。另一方面，应用层也可以受益于大大减少的延迟，使得“触觉互联网”应用程序[32]，如虚拟现实、自动化控制或远程转向成为现实。不过，这将需要更新整个 BH 网络。虽然通常可以通过软件或固件更新修改排队策略，但低延迟交换机需要大量的新硬件。此外，交换机需要启用网络同步，如上所述，目前部署的硬件并不广泛支持。

4.6.4　控制和管理平台

以上部分的一个常见要求是，未来的网络需要更加灵活。引入更多异构的 PHY 技术、能够承载来自不同拆分和包交换 FH 流量的统一帧格式，都支持可以适应例如小时或每日流量变化的传输网络。然而，向 5G 网络的发展将带来更新现有部署或增加更多硬件或功能的进一步要求。特别是随着毫米波接入技术、大规模 MIMO 和触觉互联网的出现，传输网络的需求将会变化，并且可能会变得更加苛刻。为了在短期和长期适应网络，需要一个通用的管理平台。该管理平台将负责从拥塞控制和负载均衡到路由和 QoS 策略的 RAN 和 FH 链路上的连接控制。

RAN 功能的集中化在可靠性方面也面临新的挑战，因为承载这种功能的数据中心是潜在的单点故障，例如在局部断电或黑客恶意攻击的情况下。所以，控制和管理平台也必须负责中断保护和故障转移控制。这将包括在单链路中断的情况下重启路由流量，将完整的集中式 RAN 功能从一个数据中心迁移到另一个数据中心的功能，在更严重故障的情况下。为了保证较少的故障转移时间，可以以额外的部署容量为代价在传输网络上使用 1 + 1 保护方案。

为了实现这样的通用控制和管理平台，SDN（Software- Defined Networking，软件定义网络）[33] 和 NFV（Network Function Virtualizition，网络功能虚拟化）[34] 是很好的候选技术，因为它们通过抽象层提供了统一性。主要的挑战来自于处理完整的移动网络的规模，包括 BS、传输网络、集中式 RAN 功能和可能的虚拟化网络核心。

4.7　灵活功能拆分的启动器

灵活的功能拆分利用不仅影响 FH 网络，而且还需要 BS 和中央处理实体的支持。更大数量的拆分选项提供的灵活性越来越高，在各个端点的硬件复杂度较高。在本节中，简要概述了从基带处理角度来实现灵活功能拆分所需的技术。

由于功能拆分决定了可执行的联合处理的类型，因此拆分必须适应当前的情况。例如，在具有大量小区边缘用户的密集部署中，需要较低层拆分的 CoMP 技术可能在用户吞吐量方面产生大的增益。另一方面，宏小区部署可能不会受益于高集中度，因此可以采用更高层次的拆分来减少聚合网络的负载。这意味着功能拆分必须在空间中适时调整，以适应场景。如上一节所述，这不仅需要传输网络上更灵活的接口，而且 BS 和中央实体的硬件都应该可以执行相应的处理。这带来了两个问题：第一，为了支持更高层拆分，BS 需要配备与完全分散的 BS 相同的硬件。由于集中式 RAN 的预期优点之一是较小的 BS，因此这种效果将无效。第二，基带处理通常在像 FPGA 或 ASIC 这样的专用硬件上实现，不能灵活地重新配置以匹配任何功能拆分。因此，除了融合的传输网络之外，还需要更灵活的硬件架构。IT 行业最近的进展为 RAN 虚拟化提供了非常有前途的解决方案。

虽然术语"云"是 C-RAN[1] 中第一个考虑的部分，但是第一次部署并没有遵循云计算的原则，因为它们在 IT 行业中众所周知，即提供"共享可配置计算资源池"[35]。相反，第一次部署遵循简单地将基带硬件与 RF 前端分开来，以及简单地拆分传统基站的方法[36]。然而，这种简单的硬件集中化并没有涵盖云计算的概念。如果可以根据需求动态分配和配置基带硬件，则集中处理的诸多优点，如负载均衡和节能，都是可行的。这需要可用硬件的虚拟化，通常需要使用 GPP。只有硬件能够快速轻松地重新配置，以执行基带处理的较小或较大的部分，才能有效地采用灵活的功能拆分。主要的挑战是基带处理的实现需要比传统 IT 应用程序更高的吞吐量和更低的延迟时间，这就是在传统的 BBU 中使用专用硬件的原因。此外，硬件的虚拟化以所谓的管理程序的形式引入额外的开销，管理程序监督并控制虚拟机的供应和操作。

为了减少虚拟化的开销，更新的虚拟化硬件方法采用所谓的"裸机"服务器。这些不需要为每个虚拟机提供额外的操作系统。相反，管理程序可以直接与物理硬件进行通信。这还具有以下优点：物理硬件可以完全专用于某个任务，例如，可以将物理处理器内核分配给特定 BS 的处理。与传统的虚拟化系统相比，这样可以更容易地保证性能，而传统的虚拟化系统可能需要处理多个虚拟机。最近的一些成果表明，可以实时地在通用硬件上实现 Turbo 解码等计算的复杂处理[37]。此外，可以预测所需的处理器内核的数量，从而允许精确的配置，以避免由于供应不足或过剩而浪费资源[38]。然而，还不清楚 GPP 上全基带的实施是否具有成本效益和节能效果。

作为替代方案，基带处理的某些部分可以外包给专用硬件加速器，同时保持虚拟化方法。最新一代的服务器不仅可以配备 GPP，还可以配备 DSP 内核[39]。FFT（Fast Fourier Transformation，快速傅里叶变换）和 IFFT（逆 FFT）以及信道编码/解码的操作可以通过专用硬件更有效地执行。现场试验已经显示了这种硬件加速器辅助的 GPP 实施的有效性[40]。虽然这些方法主要是为中央处理实体设计的，但是可以在 BS 采用类似的架构。尽管主要用于应用程序处理[41]，但已经设想了在 BS 上部署微型服务器或"云端"。然而，这完全补充了灵活拆分的方法。当配置较高层拆分时，具有附加硬件加速器的 GPP 云端可以部署并用于基础处理，当配置较低层拆分时，现在空闲的硬件可以用于用户应用程序处理，从而避免未充分利用 BS 的硬件。

　　总而言之，虚拟化云 RAN 实施的灵活性也将成为灵活功能拆分的基础，可以在时间和空间上进行动态调整，来最佳地反映流量密度、前端负载和硬件利用率方面的情况。

4.8　结论

　　考虑到上述所有情况，很明显，FH 网络的设计将是未来网络中的一个主要挑战。虽然 C-RAN 的方法提供了巨大的优势，但 FH 可能成为性能和成本效益方面的主要瓶颈。更灵活的功能拆分将有助于缓解此问题。部分集中化可以在完全集中化没有优势的情况下大幅度减少对 FH 的要求。特别地，数据速率可以很容易地降低，更重要的是耦合到实际的用户流量。因此，网络运营商需要仔细地确定因为高集中化的昂贵的 FH 流量需求是否合理，以及联合处理可以带来多少增益。在聚合网络中，复用增益起着重要的作用。由于它利用网络内的时间和特殊流量变化，因此可以将具有高度可变分配的流量聚合起来。如第 4.5 节所述，方差主要来自可变 BS 负载和可变 SINR。因此，展示不同负载模式的基站应该聚合，例如农村和城内，以及具有不同 SNR 分布的基站，例如宏小区和密集的小小区。在融合的 BH/FH 网络中，效果将更加明显。通过以 BH 和控制信令的形式添加更多流量，流量变得更加多样化，从而增加统计复用的好处。

　　减少 FH 要求的主要好处将是降低部署成本。每个 BS 的 FH 容量减少意味着需要部署更少的容量。为了总结统计复用的效果和高层拆分的一般数据速率降低对部署成本的影响，图 4.9 所示为使用示例性 FH 技术可以通过单个链路支持的 BS 的数量。对于拆分选项 A 的完全集中式网络中，每 7 个 BS 需要具有 20Gbit/s 容量的单独的光纤核心，当利用拆分选项 D 时，每个光纤核心可以支持超过 800 个 BS。类似地，更多异构技术，如无线 FH 只能用于较高层的拆分，从而在最后一英里完全替代昂贵的光纤。

　　从物理层技术出发，未来的移动网络必须着眼于融合 BH 和 FH 技术，并在所有网络层面上采用统一的方法。它们必须传输不同类型的流量，满足一组大

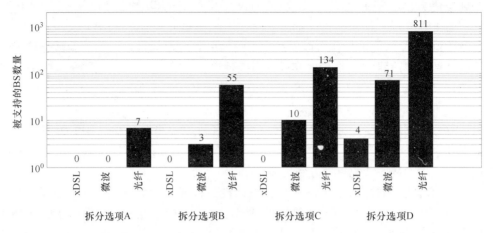

图 4.9　不同聚合技术支持的 BS 数量：200Mbit/s 的 xDSL；2Gbit/s
的微波；20Gbit/s 的光纤（经 IEEE 授权从文献［10］转载）

大不同的 QoS 参数，并可以灵活地重新配置，同时利用不同的物理技术。虽然开始实施这样一个网络将具有挑战性，但它提供了大大降低网络管理和运营的复杂性的机会，同时又降低部署成本，最终导致传输网络的虚拟化。实际上，完全虚拟化的 RAN 不仅要旨在虚拟化单一部分的网络，如基带处理，而且是所有元素，包括基站、前传、基带处理器和回传。许多工具，如灵活的功能拆分、融合的 BH/FH 网络、SDN、NFV 和云端将必须聚在一起，以实现提高未来移动网络的性能、成本效益和适应性所需的灵活性。

致谢

这些成果的研究已经获得了欧盟授予的第 671551 号授权协议的"Horizon 2020"研究与创新计划和第 317941 号授权协议下的第七框架计划（FP7/2007—2013）的资助。欧盟及其机构对本文的内容概不负责；其内容仅反映其作者的观点。

参 考 文 献

[1] Guan, H., Kolding, T. and Merz, P. (2010) *Discovery of cloud-RAN.*

[2] Irmer, R., Droste, H., Marsch, P., Grieger, M., Fettweis, G., Brueck, S., Mayer, H.-P., Thiel, L. and Jungnickel, V. (2011) Coordinated multipoint: Concepts, performance, and field trial results. *IEEE Communications Magazine*, **49**(2), 102–111.

[3] Sawahashi, M., Kishiyama, Y., Morimoto, A., Nishikawa, D. and Tanno, M. (2010) Coordinated multipoint transmission/reception techniques for LTE-advanced. *IEEE Wireless Communications*, **17**(3), 26–34.

[4] Caire, G. and Müller, R. (2001) The Optimal Received Power Distribution of IC-Based Iterative Multiuser Joint Decoders. *Proceedings of the 39th Annual Allerton Conference on Communication, Control and Computing*, Monticello, IL, October.

[5] Rost, P., Bernardos, C. J., De Domenico, A., Di Girolamo, M., Lalam, M., Maeder, A., Sabella, D.

and Wübben, D. (2014) Cloud Technologies for Flexible 5G Radio Access Networks. *IEEE Communications Magazine*, **52**(5), 68–76.

[6] Armbrust, M., Fox, A., Griffith, R., Joseph, A. D., Katz, R., Konwinski, A., Lee, G., Patterson, D., Rabkin, A., Stoica, I. and Zaharia, M. (2010) A view of cloud computing. *Communications ACM*, **53**(4), 58.

[7] Guo, B., Cao, W., Tao, A. and Samardzija, D. (2013) LTE/LTE-A Signal Compression on the CPRI Interface. *Bell Labs Technical Journal*, **18**(2), 117–133.

[8] Suryaprakash, V., Rost, P. and Fettweis, G. (2015) Are Heterogeneous Cloud-Based Radio Access Networks Cost Effective? *IEEE Journal on Selected Areas in Communication*, **33**(10), 2239–2251.

[9] Wübben, D., Rost, P., Bartelt, J., Lalam, M., Savin, V., Gorgoglione, M., Dekorsy, M. and Fettweis, G. (2014) Benefits and Impact of Cloud Computing on 5G Signal Processing: Flexible centralization through cloud-RAN. *IEEE Signal Processing Magazine*, **31**(6), 35–44.

[10] Bartelt, J., Rost, P., Wübben, D., Lessmann, J., Melis, B. and Fettweis, G. (2015) Fronthaul and Backhaul Requirements of Flexibly Centralized Radio Access Networks. *IEEE Wireless Communications*, **22**(5), 105–111.

[11] Common Public Radio Interface, CPRI Specification V6.0, 2013. Available at: http://www.cpri.info/. Accessed: September 1, 2015.

[12] Nadiv, R. and Naveh, T. (2010) Wireless Backhaul Topologies: Analyzing Backhaul Topology Strategies. Ceragon white paper, August. Available at: https://www.ceragon.com/images/Reasource_Center/White_Papers/Ceragon_Wireless_Backhaul_Topologies_Tree_vs_%20Ring_White_Paper.pdf. Accessed: October 8, 2015.

[13] 3GPP (2015) 3GPP TS 36.213, 'Evolved Universal Terrestrial Radio Access (E-UTRA); Physical layer procedures (Release 12),' v12.5.0, April.

[14] Valenti, M. C. (1999) *Iterative Detection and Decoding for Wireless Communications*. PhD dissertation, Virginia Polytechnic Institute and State University, Blacksburg, VA.

[15] Paul, H., Shin, B.-S., Wübben, D. and Dekorsy, A. (2013) In-network-processing for small cell cooperation in dense networks. *Proceedings of the IEEE 78th Vehicular Technology Conference*, Las Vegas, NV, September.

[16] Fritzsche, R., Rost, P. and Fettweis, G. (2015) Robust Rate Adaptation and Proportional Fair Scheduling With Imperfect CSI. *IEEE Transactions on Wireless Communication*, **14**(8), 4417–4427.

[17] De Domenico, A., Savin, V. and Ktenas, D. (2013) A backhaul-aware cell selection algorithm for heterogeneous cellular networks. *IEEE 24th International Symposium on Personal Indoor and Mobile Radio Communications*, London, September.

[18] Larsson, E., Edfors, O., Tufvesson, F. and Marzetta, T. (2014) Massive MIMO for next generation wireless systems. *IEEE Communications Magazine*, **52**(2), 186–195.

[19] Dötsch, U., Doll, M., Mayer, H. P., Schaich, F., Segel, J. and Sehier, P. (2013) Quantitative Analysis of Split Base Station Processing and Determination of Advantageous Architectures for LTE. *Bell Labs Technical Journal*, **18**(1), 105–128.

[20] Huang, J., Yuan, Y. *et al.* (2015) White Paper of Next Generation Fronthaul Interface. White paper, June. Available at: http://labs.chinamobile.com/cran/wp-content/uploads/White%20Paper%20of%20Next%20Generation%20Fronthaul%20Interface.PDF. Accessed: October 8, 2015.

[21] Khalili, S. and Simeone, O. (2015) Uplink HARQ for C-RAN via Low-Latency Local Feedback over MIMO Finite-Blocklength Links. arXiv preprint, arXiv:1508.06570.

[22] Rappaport, T. S. (2002) *Wireless Communications: Principles and Practice*, 2nd edition. New Jersey: Prentice Hall.

[23] d'Halluin, Y., Forsyth, P. A. and Vetzal. K. R. (2007) Wireless Network Capacity Management: A Real Options Approach. *European Journal of Operations Research*, **176**(1), 584–609.

[24] Rice, J. (2006) *Mathematical Statistics and Data Analysis*, 2nd edition, Belmont: Duxbury Press, pp. 181–187.

[25] Zervas, G., Triay, J., Amaya, N., Qin, Y., Cervelló-Pastor, C. and Simeonidou, D. (2011) Time

Shared Optical Network (TSON): a novel metro architecture for flexible multi-granular services. *Optics Express*, **19**(26), B509–B514.

[26] ITU-T Recommendation G.9701, 'Fast access to subscriber terminals (G.fast) – Physical layer specification,' 2014.

[27] NFSO-ICT-317941 iJOIN, 'D5.2 – Final Definition of Requirements and Scenarios,' November 2014. Available at: http://www.ict-ijoin.eu/wp-content/uploads/2012/10/D5.2.pdf. Accessed: September 1, 2015.

[28] IEEE (2014) 'Standard for Radio over Ethernet Encapsulations and Mappings.' IEEE Standard P1904.3, 2014. Available at: http://standards.ieee.org/develop/project/1904.3.html. Accessed: September 1, 2015.

[29] IEEE (2013) 'Standard for a Precision Clock Synchronization Protocol for Networked Measurement and Control Systems.' IEEE Standard P1588-2008, 2013. Available at: https://standards.ieee.org/develop/project/1588.html. Accessed: September 1, 2015.

[30] IEEE (2014) 'Standard for Ethernet.' IEEE Standard P802.3-2012, 2014. Available at: http://standards.ieee.org/findstds/standard/802.3-2012.html. Accessed: September 1, 2015.

[31] IEEE (2014) 'Standard for Ethernet Amendment: Media Access Control Parameters, Physical Layers and Management Parameters for 400 Gb/s Operation.' IEEE Standard P802.3bs, 2014. Available at: http://www.ieee802.org/3/bs/index.html. Accessed: September 1, 2015.

[32] Fettweis, G. (2014) The Tactile Internet: Applications and Challenges. *IEEE Vehicular Technology Magazine*, **9**(1), 64–70.

[33] Open Networking Foundation (2012) Software-Defined Networking: The New Norm for Networks. White Paper, April. Available at: https://www.opennetworking.org/images/stories/downloads/white-papers/wp-sdn-newnorm.pdf. Accessed: September 1, 2015.

[34] ETSI Industry Specification Group for Network Functions Virtualisation (n.d.). Available at: http://www.etsi.org/technologies-clusters/technologies/nfv. Accessed: September 1, 2015.

[35] Mell, P. and Grance, T. (2011) *The NIST Definition of Cloud Computing*. US National Institute of Science and Technology. Available at: http://csrc.nist.gov/publications/nistpubs/800-145/SP800-145.pdf. Accessed: September 1, 2015.

[36] Li, L., Liu, J., Xion, K. and Butovitsch, P. (2012) Field test of uplink CoMP joint processing with C-RAN testbed. *7th International ICST Conference on Communication and Networking China*, August.

[37] Paul, H., Wübben, D. and Rost, P. (2015) Implementation and Analysis of Forward Error Correction Decoding for Cloud-RAN Systems. *2nd International Workshop on Cloud-Process. Heterogeneous Mobile Communication Networks,* London, UK, June.

[38] Rost, P., Talarico, S. and Valenti, M. C. (2015) The Complexity-Rate Tradeoff of Centralized Radio Access Networks. arXiv preprint, arXiv:1503.08585.

[39] Hewlett-Packard Company (2014) Efficient deployment of virtual network functions on HP ProLiant m800. Technical white paper. Available at: http://h20195.www2.hp.com/V2/getpdf.aspx/4AA5-5395ENW.pdf. Accessed: September 1, 2015.

[40] Huang, C. I. J., Duan, R., Cui, C., Jiang, J. X. and Li, L. (2014) Recent Progress on C-RAN Centralization and Cloudification. *IEEE Access*, **2**, 1030–1039.

[41] Satyanarayanan, M., Bahl, P., Caceres, R. and Davies, N. (2009) The case for VM-based cloudlets in mobile computing. *IEEE Pervasive Computing*, **8**(4), 14–23.

第5章 异构回传技术的分析与优化

Gongzheng Zhang, Aiping Huang 和 Hangguan Shan
中国浙江大学信息科学与电子工程学院
Tony Q. S. Quek
新加坡科技与设计大学信息系统技术与设计
Marios Kountouris
法国华为技术法国研究中心数学与算法科学实验室

5.1 引言

通过部署超密集小小区 BS 对蜂窝网络进行细致化是当我们在下一代蜂窝网络满足蜂窝数据需求时的有希望的方法[1,2]。为了将流量从 BS 传输到核心网络，需要按比例增加回传网络。同时，无线电接入和回传链路上的低延迟对于在未来的蜂窝网络中提供广泛的服务和应用至关重要，例如具有可接受的 QoS 的 VoIP 和在线游戏[3]。因此，回传已经成为在 BS 和核心网络之间提供可靠和及时的连接的下一个重大挑战[4,5]，特别是对延迟敏感的服务或网络功能。

传统的宏小区 BS 通常通过具有非常低延迟的光纤直接连接到运营商的核心网络或具有高可靠性的微波链路。与传统的宏小区 BS 不同，小小区 BS 并不总是处于易于到达的位置，例如在街道附近或灯柱而不是屋顶，这使得常规光纤或微波链路变得不切实际或成本效益低下。已经提出了许多有线和无线技术作为小小区的回传解决方案[6-10]。有线回传技术具有可靠性高、数据速率高、可用性高的优点。然而，由于多跳，它们可能在骨干路由或交换机上承受长时间变化的延迟，特别是对于每个单跳只能达到 200～400m 的 xDSL[11]。无线回传可以更容易地部署，成本更低。低于 6GHz 无线回传具有 NLOS 传输的优点，但由于共存问题而导致的干扰的存在使得无线链路不可靠，并引入了不可预知的延迟。60GHz 和 70～80GHz 的毫米波技术是另一种潜在的回传解决方案，因为它们基于 LOS 链路提供高容量和可靠性。由于小载波波长和定向波束成形的可能性，毫米波链路实际上可以被建模为伪线无干扰，这使得它们非常适合于密集小小区网络[12]。然而，在没有 LOS 的情况下需要多跳实现，这将导致额外的延迟。由于这些不同的特点，异构回传部署将成为一个潜在的解决方案。必须对这些不同类型的回传技术的性能进行建模和比较，以便为这种系统设计提供指导。

除了容量之外，这些回传技术的成本在部署和运营方面的表现都不尽相同，这是可能限制小型网络部署的另一个方面。具体来说，有线链路（例如光纤或电缆）的部署比无线链路昂贵得多，而有线链路的运营成本（例如功率消耗）远低于无线链路。因此，确定回传基础设施最合适和最有效的解决方案是非常有挑战性的任务，特别是对于密集型小型网络。此外，优化配置以最小化成本对于运营商至关重要。

此外，在小型蜂窝网络与宏小区网络覆盖的两层异构蜂窝网络中，BS 关联是另一个具有挑战性的问题。从信号质量的角度来看，由于用户较大的发射功率，用户将更愿意与宏小区 BS 相关联。相比之下，从负载的角度来看，用户更喜欢与通常未充分利用的小小区 BS 相关联。此外，如果用户与小小区 BS 相关联，则回传链路中的缺陷可能导致包延迟增加。因此，BS 关联策略应考虑信号质量、负载和回传，以优化整体网络性能。

作为一个及时和实际相关的话题，近年来，回传已经从传播、成本和系统设计等多个角度引起了广泛的关注。回传技术在文献［4-10］中引入。通过测量建模有线网络的延迟性能已有很长的历史，路由器和交换机的结果可以在文献［13-17］中找到。毫米波和低于 6GHz 的传输特性形成另一个热点话题，毫米波的初步结果可以在文献［12，18-21］中找到。有一些系统设计工作考虑到回传，其中回传被认为是容量约束[22,23]。其他一些工作试图通过列出网络的所有组件及其价格来估计回传成本，这是实用的，但缺乏理论分析[24-27]。文献［28-30]中提出了一些具体技术的成本模型。在文献［31-33］中针对异构蜂窝网络研究了 BS 关联问题。文献［34-36］提出了不同的联合频谱分割和基于偏移的 BS 关联算法，以最大限度地提高用户速率或速率覆盖。然而，即使它具有显著的效果，并且可以改变整体情况，我们也不会在这个工作中考虑回传。如前所述，需要一般的回传模型，特别是用于研究延迟性能和设计回传网络以最小化成本。

这项工作的主要贡献是双重的。首先，我们提出了 4 种有前途的回传技术模型，以此作为研究不同回传技术对网络性能影响的一种手段。特别是：

1）回传链路中的数据包延迟是针对 4 种技术进行建模的，这些技术包括光纤、xDSL、毫米波和低于 6GHz 波段，它们各自具有不同的传输特性。

2）对于上述技术，分析并比较了平均包延迟和延迟限制的成功概率。我们的研究结果表明，光纤始终是最佳选择，低于 6GHz 波段和 xDSL 适用于具有合适长度的链路，而毫米波在延迟性能方面是一个非常有竞争力的短链路候选者。

3）提出了一种用于量化回传成本的易处理模型，并分析了每个小小区 BS 的平均回传成本。关键的结果是存在一个最优的网关密度，使得平均成本最小化，最优运行点取决于网关成本与单位长度链路成本的比例。

我们的工作的第二个贡献是为双层蜂窝网络提出回传感知 BS 关联策略。目的是最小化来自回传和无线电接入链路的平均网络包延迟。数值结果得出了一些显著的结论。特别是：

1）当回传网络不按比例增加小小区的数量时，回传延迟可能主导着网络到用户的平均网络包延迟。

2）在平均网络包延迟方面，所提出的回传感知 BS 关联策略优于可能具有偏差的常规关联策略。

3）不考虑回传的话，没有偏差的 BS 关联甚至可能优于有偏差的，这意味着用户可能被误导为与小小区 BS 相关联，从而恶化了系统性能。

本章的其余部分如下：第 5.2 节将介绍网络模型、包延迟模型和成本模型；第 5.3 节将分析回传链路的平均包延迟和延迟限制的成功概率；回传成本将在第 5.4 节中进行分析；在第 5.5 节中，将分析平均网络包延迟，基于此为两层蜂窝网络提出并评估回传感知 BS 关联。第 5.6 节总结本章。

5.2　回传模型

5.2.1　网络模型

我们考虑一个由无线电接入和回传网络组成的两层蜂窝网络，其中包括网关、中心、宏小区 BS 和小小区 BS 以及用户作为组件，如图 5.1 所示。宏小区 BS 始终与网关位于一起，而小小区 BS 通过各种回传技术连接到网关。我们分别将宏小区网络和小小区网络分为一类和二类。网关、宏小区 BS、小小区 BS 和用户的位置被建模为独立的均匀 PPP，Φ_g、$\Phi_{b,1}$、$\Phi_{b,2}$ 和 Φ_u 密度分别为 λ_g、$\lambda_{b,1}$、$\lambda_{b,2}$ 和 λ_u。在不失一般性的基础上，从网关到核心网络的链接被认为是所有 4 种回传技术的通用基础设施，因此在以下方面被忽略。

RAN 通过无线链路将用户与（宏小区或小小区）BS 连接，通常只有一跳。回传网络由连接小网孔 BS 与网关的链路组成，根据所使用的技术类型，该链路可能是多跳链路。使用不同技术的回传链路由于每个单跳的传输范围不同，跳数会有所不同。我们通过 r 表示回传链路中一跳的传输范围，r 是保证最小容量的距离。例如，流行的回传技术的传输范围通常可以按 $r_{光纤} > r_{低于6GHz} > r_{xDSL} > r_{毫米波}$[7] 排序。我们将链路的跳数表示为 n，由链路长度 d 决定，而 $n = \lceil d/r \rceil$。在下文中，我们认为小小区 BS 与最近的网关相关联。在这种情况下，回传链路

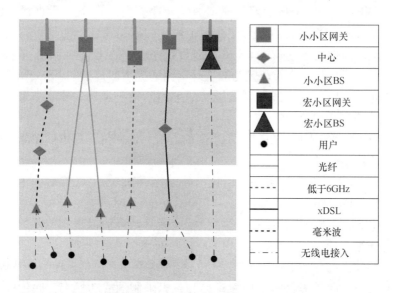

■	小小区网关
◆	中心
▲	小小区BS
■	宏小区网关
▲	宏小区BS
●	用户
	光纤
	低于6GHz
	xDSL
	毫米波
	无线电接入

图 5.1　采用各种回传技术的异构网络模型（经 IEEE 授权转载[43]）

的长度遵循由文献［37］给出的 PDF 的瑞利分布。

$$f_D(d) = 2\pi\lambda_g d\exp(-\pi\lambda_g d^2) \tag{5.1}$$

因此，回传链路的平均长度可以表示为 $1/\sqrt{2\lambda_g}$，并且回传链路 $\bar{n}$（$\geqslant 1$）中的平均跳数可以被估计为[37]

$$\bar{n} = \frac{1}{r\sqrt{2\lambda_g}} \tag{5.2}$$

这是一个乐观估计，因为链路长度被定义为 BS 和网关之间的物理距离。

5.2.2　延迟模型

在这项工作中，我们专注于从网关到用户的包延迟，即下行方案。包延迟对排队和端到端延迟有显著的影响，并且它包括沿着链路的包传输和传播延迟以及每个节点的处理延迟。

1）对于有线回传，包延迟主要来自网关和中心的处理时间，这意味着传输和传播延迟可以被忽略，因为有线回传的容量相对较大，可靠性较高。

2）对于无线回传，链路上的包延迟主要来自重传情况下每跳中的传输时间，因为解码和转发过程通常在每一跳中进行。

1. 有线链路延迟

在有线情况下，指数分布已被用于模拟路由器和交换机的延迟[28,38]。然而，许多测量表明路由器或交换机延迟的分布表现为伽马分布式或长/重尾型。然而，存在适合于不同特定类型的路由器的各种类型的分布，包括高斯、伽马、威布尔和帕累托分布[13-17]。在下文中，需要一般但易于分配的分布来建模有线链路中节点的处理延迟。因此，我们假设每一跳的处理延迟都遵循具有取决于负载参数的伽马分布，其包括作为特例的指数分布。

给定链路的跳数 n，回传中的数据包必须遍历网关和 $n-1$ 个中心。我们将网关中的处理延迟和第 j 个（$j=1$，$\cdots$，$n-1$）中心分别表示为 T_g 和 $T_{h,j}$。然后，BS 的总回传延迟由式（5.3）给出：

$$T_{bh,wd} = T_g + \sum_{j=1}^{n-1} T_{h,j} \tag{5.3}$$

式中，下标 wd 用于表示有线连接。网关中的处理延迟取决于包的大小和与网关相关联的小小区 BS 的数量。我们使用具有参数的伽马分布来模拟 T_g，这取决于与网关相关联的小小区 BS 的平均数量。

$$T_g \sim \text{Gamma}\left(\left(1+1.28\frac{\lambda_{b,2}}{\lambda_g}\right)\kappa_1, a+b\mu\right) \tag{5.4}$$

式中，$1+1.28\dfrac{\lambda_{b,2}}{\lambda_g}$ 表示覆盖所选 BS 的网关中小小区 BS 的平均数量[32]。具体来说，第一和第二项分别表示连接节点数和包大小对延迟的影响。此外，a、μ 和 κ_1 是反映节点处理能力的常数，b 是包大小。这些参数的确切值可以通过使用超出我们范围的实际测量进行拟合来获得。由于采用了链路拓扑，每个中心里都有一个入口和一个出口。假设每个中心的延迟是独立的，并遵循具有如下相同参数 κ_2 的伽马分布：

$$T_{h,j} \sim \text{Gamma}(\kappa_2, a+b\mu), j=1,2,\cdots,n-1 \tag{5.5}$$

因此，给定跳数 n 时，有线回传链路中的总回传延迟仍然遵循如下的伽马分布：

$$T_{bh,wd} \sim \text{Gamma}\left(\left(1+1.28\frac{\lambda_{b,2}}{\lambda_g}\right)\kappa_1 + (n-1)\kappa_2, a+b\mu\right) \tag{5.6}$$

2. 低于 6GHz 无线链路

对于低于 6GHz 的无线回传案例，我们认为将带宽为 $W_{\text{低于6GHz}}$ 的专用频谱分配给回传链路。将接收器设置在原点，来自位于 x 处的发送器的接收信号功率为 $P_Y h_x |x|^{-\alpha}$，其中，P_Y 和 α 分别是发射功率和路径损耗指数，下标 Y 表示节点的类型，比如网关、中心或 BS。

这里，假设网关和中心具有相同的发射功率以达到相同的传输范围。在下文中，h_x 是小规模衰落（信道增益）和单位平均瑞利衰落。此外，还考虑受干扰限制的场景，即背景噪声的影响被忽略。如果预期的发送器位于 x_o 处，则接收的 SIR（Signal-to Interference Ratio，信号干扰比）可以表示为

$$\text{SIR} = \frac{P_Y h_{x_o} |x_o|^{-\alpha}}{\sum_{x \in \Phi \setminus x_o} P_Y h_x |x|^{-\alpha}} \tag{5.7}$$

式中，$\Phi \setminus x_0$ 是使用相同光谱的干扰节点的集合。特别地，6GHz 网关的干扰节点是使用低于 6GHz 技术的其他网关。

无线传输（包括低于 6GHz 和毫米波）是时隙的，每个时隙发送一个数据包。如果接收到的 SIR 高于阈值 θ，则一跳中的传输成功；否则传输失败，需要重发。显然，单个传输尝试中的传输成功概率取决于链路长度 r 和干扰节点 $\Phi \setminus x_0$。考虑到高斯码本，可以在单个成功传输中传输的位数量为

$$b = \tau_{\mathrm{bh,s6}} W_{\text{低于6GHz}} \log_2(1 + \theta) \tag{5.8}$$

式中，$\tau_{\mathrm{bh,s6}}$ 是下标 s6 表示的低于 6GHz 的时隙长度。低于 6GHz 回传链路中的包延迟是通过低于 6GHz 链路从网关成功发送包到小小区 BS 所需的时间。

3. 毫米波形链路

毫米波链路的传播特性与低于 6GHz 链路完全不同。由于毫米波频段的频率相对较高，因此需要 LOS 来建立一个链路，其中一跳传输可以达到 100 ~ 200m[18,20,39]。然而，高频还使定向天线成为可能，这导致伪有线噪声限制而不是干扰限制网络的产生[21]。在文献［18］中应用拟合模型，具有距离 r 的 LOS 链路中的路径损耗由式（5.9）给出

$$L(\mathrm{dB}) = 70 + 20\log_{10}(r + \xi), \xi \sim N(0, \sigma^2) \tag{5.9}$$

式中，ξ 是阴影衰落系数，σ 是以 dB 为单位的阴影衰落的标准偏差[20]。用 $P_{\mathrm{tx}}(\mathrm{dB})$ 和噪声功率密度 N_0 表示发射功率加上天线增益。如果接收的信噪比（SNR）大于 θ，则一跳的传输成功，即

$$P_{\mathrm{tx}}(\mathrm{dB}) - L(\mathrm{dB}) - N_0 W_{\text{毫米波}}(\mathrm{dB}) \geqslant \theta(\mathrm{dB}) \tag{5.10}$$

式中，$W_{\text{毫米波}}$ 是带宽，当发生故障时需要重传。

毫米波回传链路中的包延迟是通过毫米波链路成功从网关向小型 BS 发送包所需的时间。如果小小区 BS 和网关之间的距离大于单跳的最大传输范围，则需要在多跳中部署毫米波回传。对于多跳毫米波回传链路，采用解码转发协议，总回传延迟仅仅是所有跳延迟的总和。

5.2.3 成本模型

运营网络的总成本通常可以分为 CAPEX 和 OPEX 两大类。前者是一次性成本，主要包括 BS、网关、中心和链路的设备成本。后者主要包括运行网络和其他维护的年度功耗费用成本，可以估计为 CAPEX 的一个百分比[24]。因此，在这项工作中我们只关注 CAPEX。此外，我们只考虑包括网关和回传链路成本的回传成本，因为小小区 BS 密度是由用户要求和尺寸标注方法确定的[40]。

网关成本由部署网关的数量和小小区 BS 的数量决定。部署一个网关的成本由安装成本，包括现场租赁和容量成本组成，容量成本包括每个小小区 BS 配置的一个收发器。我们用 $C_{\mathrm{gw},z}$ 表示类型 z 的网关的部署成本，然后由式（5.11）给出

$$C_{\mathrm{gw},z} = U_{z,0} + U_{z,1} N_{\mathrm{BS}} \tag{5.11}$$

式中，N_{BS} 是连接到网关的小小区 BS 的数量，$U_{z,0}$ 和 $U_{z,1}$ 是技术特定的常数。这里，gw 表示网关，$z = f$，x，s，m 分别表示光纤、xDSL、低于 6GHz 和毫米波。

链路成本是每个技术的链路长度的函数。我们通过 $C_{\mathrm{lk},z}$ 来表示部署类型 z 的回传链路的成本，由式（5.12）给出

$$C_{\mathrm{lk},z} = V_{z,0} d^{\beta_{z,0}} + V_{z,1} d^{\beta_{z,1}} \tag{5.12}$$

式中，1k 表示链接，$V_{z,0}$ 和 $V_{z,1}$ 是技术特定的常数。这里，$V_{z,0} d^{\beta_{z,0}}$ 表示部署链路的基础设施成本，通常是有线回传（$\beta_{z,0} = 1$）的链路长度的线性函数，而无线回传（$V_{z,0} = 1$）可以忽略。$V_{z,1} d^{\beta_{z,1}}$ 表示容量成本，其中 $\beta_{z,1}$ 对于有线回传通常也是 1，但对于无线回传可以是 2 ~ 6。

5.3 回传包延迟分析

网络包延迟被定义为用户成功接收包所需的时间，这是回传延迟和无线电接入延迟的总和。在本节中，我们将介绍不同回传链路中的平均包延迟和延迟限制成功概率的主要结果。

5.3.1 平均回传包延迟

1. 有线回传

命题 1 有线回传链路中有条件的平均包延迟（以跳数 n 为条件）由式（5.13）给出

$$T_{\mathrm{bh,wd}} = \left(\left(1 + 1.28 \frac{\lambda_{\mathrm{b,2}}}{\lambda_{\mathrm{g}}} \right) \kappa_1 + (n-1) \kappa_2 \right) (a + b\mu) \tag{5.13}$$

有线回传的平均包延迟由式（5.14）给出

$$\overline{T_{\mathrm{bh,wb}}} \approx \left(\left(1 + 1.28 \frac{\lambda_{\mathrm{b,2}}}{\lambda_{\mathrm{g}}} \right) \kappa_1 + \left(\frac{1}{r \sqrt{2\lambda_{\mathrm{g}}}} - 1 \right) \kappa_2 \right) (a + b\mu) \tag{5.14}$$

证明 式（5.13）可以从式（5.6）中伽马分布的期望直接获得。通过式（5.2）中回传链路平均跳数的近似，得到式（5.14）。

2. 低于 6GHz 回传

命题 2 在低于 6GHz 回传链路中，有条件的平均包延迟（以 BS 与距其最近的网关之间的距离 d 为条件）由式（5.15）给出

$$T_{\mathrm{bh,s6}} = \tau_{\mathrm{bh,s6}} \left(1 + 1.28 \frac{\lambda_{\mathrm{b,2}}}{\lambda_{\mathrm{g}}} \right) \exp(\pi \lambda_{\mathrm{g}} \rho(\alpha, \theta) d^2) \tag{5.15}$$

式中，$\rho(\alpha, \theta) = \theta^{\delta} \int_{\theta^{-\delta}}^{\infty} \frac{1}{1 + u^{1/\delta}} \mathrm{d}u$ 且 $\delta = 2/\alpha$，低于 6GHz 回传链路中的平均包延迟由式（5.16）给出

$$\overline{T_{bh,s6}} = \tau_{bh,s6}\left(1 + 1.28\frac{\lambda_{b,2}}{\lambda_g}\right)(1 + \rho(\alpha,\theta)) \tag{5.16}$$

证明 给定 BS 与距其最近的网关之间的距离 d，干扰节点在以半径为 d 且以 BS 为中心的球外。传输成功概率由文献 [37] 给出

$$p_{ss,s6} = \exp(-\pi\lambda_g\rho(\alpha,\theta)d^2) \tag{5.17}$$

成功传送数据包的平均传输次数是 $1/p_{ss,s6}$。此外，覆盖所选择 BS 的网关中的小小区 BS 的平均数量是 $1 + 1.28\frac{\lambda_{b,2}}{\lambda_g}$，所以网关在每个时隙中向该 BS 发送的概率由式（5.18）给出

$$p_{s1} = \frac{\lambda_g}{\lambda_g + 1.28\lambda_{b,2}} \tag{5.18}$$

因此，成功传送数据包的时隙的平均数为 $1/(p_{s1}p_{ss,s6})$，再乘以时隙长度给出式（5.15）。对于随机距离 d 的期望，由式（5.1）给出的 PDF 导出式（5.16）。

3. 毫米波回传

命题 3 假设每跳具有恒定的距离 r，则毫米波回传链路中有条件的平均包延迟（以跳数 n 为单位）由式（5.19）给出

$$T_{bh,mm} \approx \left(1 + 1.28\frac{\lambda_{b,2}}{\lambda_g}\right)\frac{2n\tau_{bh,mm}}{1 + \text{erf}\left(\frac{\theta'(r)}{\sqrt{2}\sigma}\right)} \tag{5.19}$$

式中，$\text{erf}(.)$ 是错误函数，$\theta'(r)(dB) = P_{tx}(dB) - \theta(dB) - N_0W_{毫米波}(dB) - 70 - 20\log_{10}r$。毫米波回传链路中的平均包延迟近似为

$$\overline{T_{bh,mm}} \approx \left(1 + 1.28\frac{\lambda_{b,2}}{\lambda_g}\right)\frac{2\tau_{bh,mm}}{r\sqrt{2\lambda_g}\left(1 + \text{erf}\left(\frac{\theta'(r)}{\sqrt{2}\sigma}\right)\right)} \tag{5.20}$$

证明 从式（5.10）中，单个时隙中单跳传输成功的概率由式（5.21）给出

$$p_{ss,mm} = \Pr(L \leq P_{tx}(dB) - \theta(dB) - N_0W_{毫米波}(dB)) \tag{5.21}$$

给定跳距离 r，传输成功的概率可以从式（5.9）导出为

$$p_{ss,mm} = \Pr(\xi \leq P_{tx}(dB) - \theta(dB) - N_0W_{毫米波}(dB) - 70 - 20\log_{10}r)$$
$$= \frac{1}{2}\left(1 + \text{erf}\left(\frac{\theta'(r)}{\sqrt{2}\sigma}\right)\right) \tag{5.22}$$

式中，$\theta'(r)(dB) = P_{tx}(dB) - \theta(dB) - N_0W_{毫米波}(dB) - 70 - 20\log_{10}r$。因此，每跳的平均包延迟为 $1/(p_{s1}p_{ss,mm})$。最后，乘以跳数和时隙长度就得出毫米波回传链路中有条件的平均包延迟，如式（5.19）。在式（5.2）中通过回传链路的平均跳数的近似推导出式（5.20）。

5.3.2　延迟限制的成功概率

为了评估回传基础设施支持具有延迟要求的流量的能力，我们定义一个延迟敏感服务的关键性能指标，作为延迟限制的成功概率，由 dp 表示。延迟限制的成功概率是在一定延迟期限之前可以成功传送数据包的概率。t 表示的截止日期分为回传部分 t_{bh} 和无线电接入部分 t_{ran}[5] 的传输期限，即

$$t = t_{bh} + t_{ran} \tag{5.23}$$

对于包括无线回传和无线电接入链路在内的时隙无线传输，传输期限可以转化为调度和传输约束。可以调度和发送无线回传链路中包的最大时隙数由式（5.24）给出

$$k_{bh} = \lceil t_{bh}/\tau_{bh} \rceil \tag{5.24}$$

式中，τ_{bh} 是各种回传技术的时隙长度的常用命名法。

现在，回传链路延迟限制的成功概率被定义为

$$dp = \begin{cases} \Pr\{ T_{bh} \leqslant t_{bh} \}, & \text{有线回传} \\ \Pr\{ K_{bh} \leqslant k_{bh} \}, & \text{无线回传} \end{cases} \tag{5.25}$$

式中，K_{bh} 是链路一个包的传输（包括重传）总数。

1. 有线回传

命题 4　给定跳数 n，有线回传中延迟限制的成功概率由式（5.26）给出

$$dp_{bh,wd} = \frac{\gamma\left(\left(1 + 1.28 \dfrac{\lambda_{b,2}}{\lambda_g} \right)\kappa_1 + (n-1)\kappa_2, \dfrac{t_{bh}}{a + b\mu} \right)}{\Gamma\left(\left(1 + 1.28 \dfrac{\lambda_{b,2}}{\lambda_g} \right)\kappa_1 + (n-1)\kappa_2 \right)} \tag{5.26}$$

式中，$\gamma(s,x) = \int_0^x y^{s-1} e^{-y} ds$ 是不完整的伽马函数，$\Gamma(s) = \int_0^\infty y^{s-1} e^{-y} ds$ 是欧拉的伽马函数。

证明　包成功传递到 BS 的概率等于链路上的包延迟不超过截止时间的概率。随着有线回传延迟遵循伽马分布，可以直接导出概率为

$$\Pr(T_{bh,wd} < t_{bh}) = \frac{\gamma\left(\left(1 + 1.28 \dfrac{\lambda_{b,2}}{\lambda_g} \right)\kappa_1 + (n-1)\kappa_2, \dfrac{t_{bh}}{a + b\mu} \right)}{\Gamma\left(\left(1 + 1.28 \dfrac{\lambda_{b,2}}{\lambda_g} \right)\kappa_1 + (n-1)\kappa_2 \right)} \tag{5.27}$$

2. 低于 6GHz 回传

命题 5　给定 BS 与最近网关之间的距离 d，在低于 6GHz 的回传中延迟限制的成功概率由式（5.28）给出

$$dp_{bh,s6} = \sum_{j=1}^{k_{bh}} \binom{k_{bh}}{j} (-1)^{j+1} \left(\frac{\lambda_g}{\lambda_g + 1.28\lambda_{b,2}} \right)^j \exp(-j\pi\lambda_g \rho(\alpha,\theta) d^2) \tag{5.28}$$

证明　由于网关发送到 BS 并且传输在单个时隙中成功的概率是 $p_{s1}p_{ss,s6}$，因此延迟限制的成功概率是在至少一个 K_{bh} 时隙中 BS 传输成功的概率，即

$$dp_{bh,s6} = 1 - (1 - p_{s1}p_{ss,s6})^{k_{bh}}$$

$$= \sum_{j=1}^{k_{bh}} \binom{k_{bh}}{j} (-1)^{j+1} p_{s1}^j p_{ss,s6}^j \tag{5.29}$$

其中第二个方程来自二项式扩展。将式（5.17）代入式（5.29）得出结果。

3. 毫米波回传

命题 6　给定跳数 n，毫米波回传中延迟限制的成功概率由式（5.30）给出

$$dp_{bh,mm} = \sum_{j=n}^{k_{bh}} \sum_{m=j}^{k_{bh}} \binom{k_{bh}}{j} \binom{k_{bh}-j}{m-j} (-1)^{m-j} \left(\frac{\lambda_g}{2(\lambda_g + 1.28\lambda_{b,2})} \right)^m \left(1 + \mathrm{erf}\left(\frac{\theta'(r)}{\sqrt{2}\sigma} \right) \right)^m$$

$$\tag{5.30}$$

证明　给定跳数 n，在延迟期限之前成功传送到 BS 的概率等于在 K_{bh} 个时隙中至少 n 个 BS 被调度并且传输成功的概率，即

$$dp_{bh,mm} = \sum_{j=n}^{k_{bh}} \binom{k_{bh}}{j} (p_{s1}p_{ss,mm})^j (1 - p_{s1}p_{ss,m})^{k_{bh}-j}$$

$$= \sum_{j=n}^{k_{bh}} \sum_{m=j}^{k_{bh}} \binom{k_{bh}}{j} \binom{k_{bh}-j}{m-j} (-1)^{m-j} p_{s1}^m p_{ss,mm}^m \tag{5.31}$$

其中第二个方程来自二项式扩展。将式（5.22）代入式（5.31）得出结果。

5.3.3　性能评估

为了评估跳数和包大小对回传延迟性能的影响，我们根据本节中得出的分析结果提供数值结果。参数设置见表 5.1，其中设置时隙长度以确保对于不同的技术，由式（5.8）给出的包中的传输比特数是相同的。设置有线回传的参数，为确保 4 个回传技术的传输速率相同，因此我们可以专注于其特性对延迟性能的影响。考虑到 BS 和网关之间的距离通常不大，所以假设光纤和低于 6GHz 的回传有一跳。通过用式（5.14）中的一跳传输距离 r_{xDSL} 代替 r 来获得 xDSL 的结果。

图 5.2 所示为所考虑的 4 种技术的不同传输阈值（相应的包大小）和距离（跳数）的平均回传包延迟。从图 5.2a 可以得到以下观察结果：

1）由于式（5.8）给出的包大小的增加，平均回传延迟随传输阈值而增加，这增加了有线回传中的处理延迟或增加了无线回传中的平均重传次数。

2）有线回传中的平均包延迟随着传输阈值大致线性增加，这代表了我们提出的模型中包大小的线性关系。然而，对于无线回传，平均包延迟在低传输阈值区域中会稍微增加，但在高阈值区域中会显著增加。这是因为在低传输阈值区域中，无线回传的成功概率接近 1，所以延迟仅取决于时隙长度和

表 5.1 参数设置（经 IEEE 授权转载[43]）

参　　数	值	参　　数	值
λ_g	$10^{-7}/m^2$	θ	$0.1 \sim 50$
$\lambda_{b,2}$	$10^{-6}/m^2$	μ	$0.01\mu s/bit$
r_{xDSL}	200m	α	3.5
$r_{毫米波}$	100m	σ	5
$W_{毫米波}$	200MHz	κ_1	1
$W_{低于6GHz}$	40MHz	κ_2	10
$\tau_{bh,mm}$	$5\mu s$	n	$1 \sim 20$
a	$10\mu s$	$\tau_{bh,s6}$	$25\mu s$
P_{tx}	30dBm	t_{bh}	$100\mu s \sim 2ms$
N_0	$-174dBm/Hz$		

跳数。另一方面，在高阈值区域中，成功概率迅速下降，因此重传次数显著增加。

3）光纤因其更长的范围和更高的传输可靠性，所以始终是最佳选择。由于 xDSL 的处理延迟短，以及无线回传的高度不可靠的传输，因此 xDSL 优于低传输区和高传输区的无线回传。由于它们的特征不同，因此低于 6GHz 的频率要比毫米波更强，因为前者需要对抗干扰，如式（5.7）所示，后者需要对抗随机阴影，如式（5.9）所示。

图 5.2b 提供了平均包延迟与距离之间的关系。通过毫米波的一跳长度将距离归一化，以便不同的回传技术之间进行简单比较。图 5.2b 的 x 轴具有 $[1 \sim 20]$ 的范围，这意味着距离范围是 $1 \sim 20$ 跳的毫米波长。从图 5.2b 可以看出，平均回传包延迟随着毫米波和 xDSL 的跳数而呈线性增加，但速率不同。另一方面，即使低于 6GHz 的传输范围较长，但由于传输可靠性不足，特别是在传输距离长的情况下，平均包延迟性能并不总是更好的。从图 5.2b 可以看出，当 BS 与网关之间的距离相当短（$n=1$、2）时，毫米波的延迟略高于 xDSL 和光纤，但低于 6GHz，因此毫米波似乎是一种有竞争力的候选技术。

图 5.3 所示为 4 种回传技术的延迟限制的成功概率。不同传输期限的成功概率如图 5.3a 所示，实际上给出了延迟的 CDF。可以得到以下观察结果：

1）光纤始终是最佳选择，因为它的延迟限制的成功概率最高。在低延迟状态下，低于 6GHz 比毫米波好。这表明了在延迟性能方面，与多跳传输相比，直接传输更具有优势。

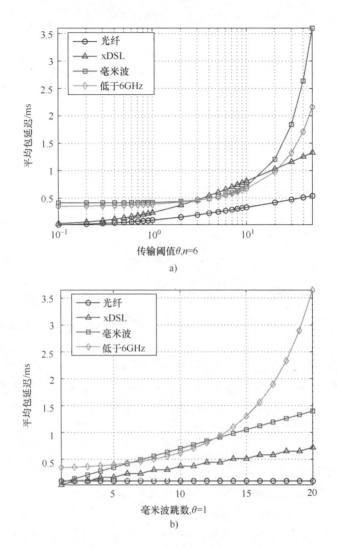

图 5.2　具有系统参数的回传链路的条件均值包延迟变化

（经 IEEE 授权转载[43]）

2）尽管平均延迟较低，如图 5.2b 所示，但当传输期限严格时，xDSL 不是回传的适当技术。显然，与其他技术相比，低于 6GHz 回传的延迟限制的成功概率由于其传输可靠性的缺乏而增长较慢。由于 xDSL 的高处理延迟，因此毫米波优于 xDSL。

从图 5.3b 可以看出，当跳数较大时，xDSL 传输期限内的成功概率相对较低。与低于 6GHz 的技术相比，毫米波的延迟限制的成功概率随着跳数的增加而减少得更快。这再次揭示了在更高包延迟方面多跳传输的缺点。

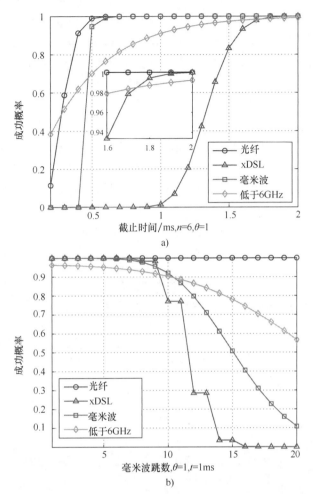

图 5.3 延迟限制成功概率与系统参数（经 IEEE 授权转载[43]）

5.4 回传部署成本分析

在本节中，我们将分析每小时 BS 的平均回传成本。该框架具有更广泛的好处，例如，可以分别通过用基带处理小区和前传链路代替网关和回传链路，来应用于云无线接入网的成本估算和优化。

由于不同类型的回传技术及其部署的不同容量以及运营成本，部署光纤回传预计在将来的应用会越来越普遍，而 xDSL 技术将很少使用[6,10]。然而，由于小小区的超高密度，因此低于 6GHz 仍然是一个补充，特别是为难以到达的地方的小型 BS 提供回传连接。因此，我们将连接到光纤、毫米波、xDSL 和低于 6GHz 回传网关的 BS 的位置建模为 $\varPhi_{b,2}$ 的独立间隔，分别为概率 p_f、p_m、p_x 和 p_s。如第 5.2.1

节所述，无论是哪种类型的回传，假设小小区 BS 与最近的网关相关联。

命题 7 每小时 BS 的平均回传成本由式（5.32）给出

$$\overline{C} = \sum_z p_z \left(U_{z,1} + U_{z,0} \frac{\lambda_g}{\lambda_{b,2}} + V_{z,0} \frac{\Gamma(\beta_{z,0}/2 + 1)}{(\pi \lambda_g)^{\beta_{z,0}/2}} + V_{z,0} \frac{\Gamma(\beta_{z,1}/2 + 1)}{(\pi \lambda_g)^{\beta_{z,1}/2}} \right)$$

$$(5.32)$$

其中，对于部署的回传技术的类型进行了总和。

证明 每小时 BS 的平均回传成本可以计算为单位面积的平均回传成本除以小小区 BS 的密度。单位面积的平均回传成本是单位面积的平均网关成本和单位面积的平均链路成本的总和。由于小小区 BS 与最近的网关相关联，因此使用第 z 个技术部署链路的概率是 p_z。单位面积的平均网关成本为

$$C_{gw} = \frac{\lambda_g}{|\Phi_g|} \sum_{\Phi_g} (U_{z,0} + U_{z,1} N_{BS})$$

$$= \sum_z p_z (\lambda_g U_{z,0} + \lambda_{b,2} U_{z,1})$$

$$(5.33)$$

链路长度的分布由式（5.1）给出。当链路成本的形式为 Vd^β 时，平均成本由式（5.34）给出

$$\int_0^\infty Vd^\beta f_D(d)\,\mathrm{d}d = V \frac{\Gamma(\beta/2 + 1)}{(\pi \lambda_g)^{\beta/2}}$$

$$(5.34)$$

因此，单位面积的平均链路成本由式（5.35）给出

$$C_{lk} = \frac{\lambda_{b,2}}{|\Phi_{b,2}|} \sum_{\Phi_{b,2}} (V_{z,0} d^{\beta_{z,0}} + V_{z,1} d^{\beta_{z,1}})$$

$$= \sum_z p_z \lambda_{b,2} \left(\int_0^\infty V_{z,0} d^{\beta_{z,0}} f_D(d)\,\mathrm{d}d + \int_0^\infty V_{z,1} d^{\beta_{z,1}} f_D(d)\,\mathrm{d}d \right)$$

$$= \sum_z p_z \lambda_{b,2} \left(V_{z,0} \frac{\Gamma(\beta_{z,0}/2 + 1)}{(\pi \lambda_g)^{\beta_{z,0}/2}} + V_{z,0} \frac{\Gamma(\beta_{z,1}/2 + 1)}{(\pi \lambda_g)^{\beta_{z,1}/2}} \right)$$

$$(5.35)$$

单位面积的平均回传成本为 $C = C_{gw} + C_{lk}$。将 C 除以密度 $\lambda_{b,2}$ 给出每个小小区 BS 的平均回传成本，如式（5.32）。

式（5.32）的注释表明，随着网关密度的增加，网关成本呈线性增加，而链路成本则降低。因此，可以权衡网关成本和链路成本，并且可能存在最优的网关密度以最小化每个小小区 BS 的平均回传成本。以下通过明确考虑一些特殊情况来进一步研究。

命题 8 假设有线技术被单独用于回传，链路成本随链路长度线性增加，也就是 $\beta_0 = \beta_1 = 1$。每个小小区 BS 的平均回传成本简化为

$$\overline{C_{wd}} = U_1 + U_0 \frac{\lambda_g}{\lambda_{b,2}} + V \frac{1}{2} \frac{1}{\sqrt{\lambda_g}}$$

$$(5.36)$$

存在最优的网关密度以最小化平均成本，并由式（5.37）给出

$$\lambda_g^* = \left(\frac{V}{4U_0}\right)^{2/3} \lambda_{b,2}^{2/3} \qquad (5.37)$$

命题 9 假设无线技术仅用于回传，且基础设施成本被忽略，容量成本的指标等于路径损耗指数，即 $\beta_1 = \alpha$，则每小时 BS 的平均回传成本简化为

$$\overline{C_{wl}} = U_1 + U_0 \frac{\lambda_g}{\lambda_{b,2}} + V \frac{\Gamma(\alpha/2 + 1)}{(\pi\lambda_g)^{\alpha/2}} \qquad (5.38)$$

存在最优的网关密度以最小化平均成本，并由式（5.39）给出

$$\lambda_g^* = \frac{V\alpha\Gamma(\alpha/2 + 1)^{\alpha/2}}{2U_0\pi^{\alpha/2}} \lambda_{b,2}^{\frac{2}{2+\alpha}} \qquad (5.39)$$

图 5.4 所示为有线和无线回传在不同网关密度下每个小小区 BS 的平均回传

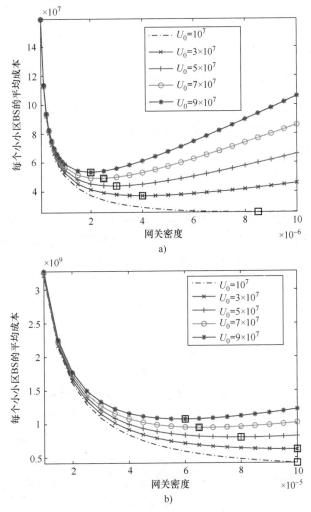

图 5.4 具有网关密度的每小时 BS 的平均回传成本变化（经 IEEE 授权转载[43]）

成本。参数设定为 $V = 10^5$ 和 $\lambda_{b,2} = 10^{-5}/m^2$。平均回传成本首先快速减少，并可能随网关密度逐渐增加。快速减少是由于当网关密度增加时链路长度迅速下降。增长缓慢是由于网关成本增加，最终会超过降低的链路成本。显然，最优网关密度随网关成本而降低。此外，与有线回传相比，无线回传的最优网关密度要高得多。这主要是由于无线回传（$\beta_1 = 2$（无线）> 1（有线））较高的链路成本指数削弱了网关成本的影响。

5.5　回传感知 BS 关联策略

在本节中，我们将首先给出平均网络包延迟，然后制定和解决最优的 BS 关联问题。如文献［31］所述，基于偏差的小区范围扩展是从网络角度实现负载平衡的次优但是非常有效的方法，可以很容易地在无线标准中实现。因此，我们在 BS 关联中采用这种方案。

5.5.1　平均网络包延迟

1. 平均无线接入延迟

对于无线电接入链路，延迟仍主要来自传输时间。

考虑一个位于原点的典型用户。第 i 层中最近的 BS 的位置由 x_i^*，$i = 1$，2 表示。然后，用户将与其接收最大偏差平均功率的 BS 相关联，即

$$k = \arg \max_i B_i P_i |x_i^*|^{-\alpha} \tag{5.40}$$

式中，B_i 是第 i 层中 BS 的相同偏差值，P_i 是第 i 层中 BS 的发射功率。B_i 的较大值意味着更多的用户与第 i 层的 BS 相关联。在上述 BS 关联模型中，被定义为用户与第 k 层相关联的概率 A_k 由文献［41］给出

$$A_k = \frac{\lambda_{b,k}(B_k P_k)^\delta}{\sum_i \lambda_{b,i}(B_i P_i)^\delta} \tag{5.41}$$

此外，用户与第 k 层的关联距离 D_k 的 PDF 也由文献［41］给出

$$f_{D_k}(d) = \frac{2\pi\lambda_{b,k}}{A_k} d\exp\left(-\pi \frac{\lambda_{b,k}}{A_k} d^2\right) \tag{5.42}$$

在这里，我们考虑两种频谱复用模式，即频谱共享模式和频谱分割模式。在下文中，我们将第 i 层的时隙长度设置为与分配的带宽成反比。在频谱共享模式下，两层重用整个带宽为 W，时隙长度设为 $\tau_i = Z/W$，Z 为常数。在频谱分割模式中，整个带宽被正交分割并分配给具有带宽 $\eta_i W$ 的第 i 层，其中，$\sum_i \eta_i = 1$。然后将时隙长度设置为 $\tau_i = Z/(\eta_i W)$，以确保对于不同级别的 BS，一个时隙中的传输比特量是相同的，也就是说，$b = Z\log_2(1 + \theta)$。在这种模式下，无线电接入链路中的平均包延迟可以在以下命题中说明。

命题 10　在频谱共享模式中，第 k 层的无线电接入链路中的平均包延迟由式（5.43）给出

$$\overline{T_{\mathrm{ran},k}} = \tau_k \frac{A_k \lambda_{\mathrm{u}}}{\lambda_{\mathrm{b},k}} \left(1 + \frac{A_k}{\lambda_{\mathrm{b},k}} \sum_i \lambda_{\mathrm{b},i} \frac{\delta\theta}{1-\delta} \left(\frac{B_i P_i}{B_k P_k} \right)^{\delta} \frac{B_k}{B_i} {_2F_1} \left(1, 1-\delta; 2-\delta; -\theta \frac{B_k}{B_i} \right) \right)$$

（5.43）

式中，${_2F_1}(\cdot)$ 是高斯超几何函数。

在频谱分割模式中，第 k 层的无线电接入链路中的平均包延迟由式（5.44）给出

$$\overline{T_{\mathrm{ran},k}} = \tau_k \frac{A_k \lambda_{\mathrm{u}}}{\lambda_{\mathrm{b},k}} (1 + A_k \rho(\alpha, \theta))$$

（5.44）

证明　无线电接入链路中的平均包延迟是从 BS 向用户成功发送包的平均时间。在第 k 层，它是与 BS $\frac{A_k \lambda_{\mathrm{u}}}{\lambda_{\mathrm{b},k}}$ 相关联的用户的平均数目和成功发送包 $\frac{1}{p_{\mathrm{ss},k}}$ 的平均传输数量的时隙长度 τ_k 的乘积，即

$$\overline{T_{\mathrm{ran},k}} = \tau_k \frac{A_k \lambda_{\mathrm{u}}}{\lambda_{\mathrm{b},k}} \frac{1}{p_{\mathrm{ss},k}}$$

（5.45）

式中，$p_{\mathrm{ss},k}$ 是第 k 层中每个传输的成功概率。

（1）频谱共享模式。有条件的用户与距离为 d 的第 k 层相关联，每个传输中的成功概率由文献［41］给出

$$p_{\mathrm{ss},k}(d) = \exp\left(-\pi \sum_i \lambda_{\mathrm{b},i} \delta\theta^{\delta} \left(\frac{P_i}{P_k} \right)^{\delta} d^2 \int_{\frac{B_i}{B_k}\theta^{-1}}^{\infty} \frac{u^{\delta-1}}{1-u} \mathrm{d}u \right)$$

$$= \exp\left(-\pi d^2 \sum_i \lambda_{\mathrm{b},i} \frac{\delta\theta}{1-\delta} \left(\frac{B_i P_i}{B_k P_k} \right)^{\delta} \frac{B_k}{B_i} {_2F_1} \left(1, 1-\delta; 2-\delta; -\theta \frac{B_k}{B_i} \right) \right)$$

（5.46）

其中第二个方程成立，因为积分可以用高斯超几何函数 ${_2F_1}(\cdot)^{[42]}$ 表示。由式（5.42）给出的随机距离 d 的期望值，可以获得第 k 层无线电接入链路中的成功概率为

$$p_{\mathrm{ss},k} = \int_0^{\infty} p_{\mathrm{ss},k}(d) f_{\mathrm{D}_k}(d) \mathrm{d}d$$

$$= \frac{\lambda_{\mathrm{b},k}/A_k}{\lambda_{\mathrm{b},k}/A_k + \sum_i \lambda_{\mathrm{b},i} \frac{\delta\theta}{1-\delta} \left(\frac{B_i P_i}{B_k P_k} \right)^{\delta} \frac{B_k}{B_i} {_2F_1} \left(1, 1-\delta; 2-\delta; -\theta \frac{B_k}{B_i} \right)}$$

（5.47）

将式（5.47）代入式（5.45）得出式（5.43）。

（2）频谱分区模式。在频谱分区模式中，第 k 层的干扰只来自该层的 BS。

在干扰有限的情况下，类似于低于6GHz的回传，给定用户与第k层的关联以及用户与BS之间的距离d，则得到成功概率为 $\exp\left(-\pi\lambda_{\mathrm{b},k}\rho(\alpha,\theta)d^2\right)$。由式（5.42）给出的随机距离$d$的期望值，可以获得第$k$层中的平均成功概率为

$$
\begin{aligned}
p_{\mathrm{ss},k} &= \int_0^\infty \exp(-\pi\lambda_{\mathrm{b},k}\rho(\alpha,\theta)d^2)f_{\mathrm{D}_k}(d)\mathrm{d}d \\
&= \frac{1}{1+A_k\rho(\alpha,\theta)}
\end{aligned}
\tag{5.48}
$$

与频谱共享模式类似，将式（5.48）代入式（5.45）得到式（5.44）。

2. 平均回传延迟

考虑第5.4节提出的回传网络模型，其中连接到具有光纤、毫米波、xDSL和低于6GHz回传网关的BS的位置分别表示为具有概率p_{f}、p_{m}、p_{x}和p_{s}的$\Phi_{\mathrm{b},2}$。总平均回传包延迟为

$$
\overline{T_{\mathrm{bh}}} = p_{\mathrm{f}}\overline{T_{\mathrm{bh},\mathrm{fb}}} + p_{\mathrm{x}}\overline{T_{\mathrm{bh},\mathrm{xd}}} + p_{\mathrm{s}}\overline{T_{\mathrm{bh},\mathrm{s6}}} + p_{\mathrm{m}}\overline{T_{\mathrm{bh},\mathrm{mm}}}
\tag{5.49}
$$

式中，$\overline{T_{\mathrm{bh},\mathrm{fb}}}$和$\overline{T_{\mathrm{bh},\mathrm{xd}}}$是光纤和xDSL的平均回传延迟，可以通过分别用$r_{\text{光纤}}$和$r_{\mathrm{xDSL}}$替换式（5.14）中的$r$来获得。$\overline{T_{\mathrm{bh},\mathrm{s6}}}$和$\overline{T_{\mathrm{bh},\mathrm{mm}}}$分别是从式（5.16）和式（5.20）获得的低于6GHz和毫米波的平均回传延迟。

3. 平均网络包延迟

结合命题10给出的无线电接入链路中的平均包延迟，得出平均网络包延迟为

$$
\overline{T} = A_1\overline{T_{\mathrm{ran},1}} + A_2\left(\overline{T_{\mathrm{ran},2}} + \frac{A_2\lambda_{\mathrm{u}}}{\lambda_{\mathrm{b},2}}\overline{T_{\mathrm{bh}}}\right)
\tag{5.50}
$$

式中，$\overline{T_{\mathrm{ran},1}}$和$\overline{T_{\mathrm{ran},2}}$分别是宏小区和小小区层的平均无线接入延迟。请注意，回传延迟的系数来自回传链路中的平均用户数。

5.5.2　BS 关联策略

现在，我们提出了 BS 关联问题，其目的是最小化平均网络包延迟。式（5.43）的注释表明，在频谱共享模式下，偏差因子对每一层的负载和信号质量均有影响。为了便于说明，我们只专注于频谱分割模式。

BS 关联问题的目的是找到最优偏差值B_k^*，它是式（5.41）的关联概率的一对一映射。因此，我们首先找到最优关联概率A_k^*，然后将其转换为B_k^*。因此，BS 关联问题可以为

$$
\min_{A_k,\eta_k}\quad \overline{T}
\tag{5.51a}
$$

$$
\sum_k A_k = 1, A_k \geqslant 0
\tag{5.51b}
$$

$$
\sum_k \eta_k = 1, \eta_k \geqslant 0
\tag{5.51c}
$$

此外，$\overline{T_{\mathrm{bh}}}$不依赖于$A_k$和$\eta_k$，它可以被认为是优化问题中的系统依赖常数。

将式 (5.44)代入式 (5.50)，式 (5.51a) 中的平均网络包延迟可以重写为

$$\overline{T} = \sum_k \tau_k A_k^2 \frac{\lambda_u}{\lambda_{b,k}}(1 + A_k\rho) + A_2^2 \frac{\lambda_u}{\lambda_{b,2}} \overline{T_{bh}} \tag{5.52}$$

应用式 (5.52) 和 $\tau_k = Z/(\eta_k W)$，式 (5.51) 中的 BS 关联问题可以重写为

$$\min_{A_k,\eta_k} \quad \sum_k A_k^2 \frac{Z/W}{\eta_k} \frac{\lambda_u}{\lambda_{b,k}}(1 + A_k\rho) + A_2^2 \frac{\lambda_u}{\lambda_{b,2}} \overline{T_{bh}} \tag{5.53a}$$

$$\sum_k A_k = 1, A_k \geqslant 0 \tag{5.53b}$$

$$\sum_k \eta_k = 1, \eta_k \geqslant 0 \tag{5.53c}$$

首先，我们考虑直观的解决方案来令 $\eta_k = A_k$，即将频谱的一部分分配给第 k 层来等于关联概率[35]。然后，优化问题变成

$$\min_{A_k,\eta_k} \quad \sum_k \left(A_k^2 \frac{\lambda_u}{\lambda_{b,k}} \left(\frac{Z}{W}\rho + \overline{T_{bh,k}} \right) + A_k \frac{\lambda_u}{\lambda_{b,k}} \frac{Z}{W} \right) \tag{5.54a}$$

$$\sum_k A_k = 1, A_k \geqslant 0 \tag{5.54b}$$

式中，$\overline{T_{bh}}$ 被定义为统一表达式，使得 $\overline{T_{bh,1}} = 0$ 和 $\overline{T_{bh,2}} = \overline{T_{bh}}$ 分别是宏小区 BS 和小小区 BS 的平均回传延迟。由于目标函数是凸的，约束是线性的，因此式 (5.54)是一个标准的凸优化问题。应用 KKT（Karush-Kunn-Tucker，卡罗需-库恩-塔克）条件，可以得到最优关联概率为

$$A_k^* = \left(\frac{u\lambda_{b,k}}{2\lambda_u \left(\frac{Z}{W}\rho + \overline{T_{bh,k}} \right)} - \frac{\frac{Z}{W}}{2 \left(\frac{Z}{W}\rho + \overline{T_{bh,k}} \right)} \right)^+ \tag{5.55}$$

式中，$(x)^+ = \max\{x, 0\}$ 和 u 是拉格朗日乘数，$\sum_k A_k = 1$。因此，最优偏差因子可以计算为[34]

$$B_k^* = \frac{P_k^{-1}(A_k^*/\lambda_{b,k})^{\frac{\alpha}{2}}}{\sum_i P_i^{-1}(A_i^*/\lambda_{b,i})^{\frac{\alpha}{2}}} \tag{5.56}$$

如果该层的 BS 密度太小，则特定层的最优关联概率可以为 0。在这种情况下，只有很少的频谱被分配给该层，这使得无线电接入延迟相对较大，最终迫使所有用户与另一层相关联。这促使我们考虑更合适的频谱复用模式，即频谱共享模式，而在这种情况下的关联问题是比较复杂的。

在两层关联概率为正的可行区域中，通过求解式 (5.55) 和式 (5.56)，得到最优值如下

$$A_1^* = \frac{\lambda_{b,1}}{\lambda_{b,1} + \frac{1}{1 + T_{bh}'}\lambda_{b,2}} + \frac{1}{2\rho}\frac{\lambda_{b,1} - \lambda_{b,2}}{(1 + T_{bh}')\lambda_{b,1} + \lambda_{b,2}} \tag{5.57a}$$

$$A_2^* = \frac{\lambda_{b,2}}{(1 + T'_{bh})\lambda_{b,1} + \lambda_{b,2}} + \frac{1}{2\rho} \frac{\lambda_{b,2} - \lambda_{b,1}}{(1 + T'_{bh})\lambda_{b,1} + \lambda_{b,2}} \quad (5.57b)$$

式（5.57a）和式（5.57b）中的注释表明，最佳关联概率取决于 BS 密度的相对值而不是绝对值。此外，宏小区层的最优关联概率随着小小区层的平均回传延迟而增加，这与我们的直觉一致。

5.5.3 数值结果

在本节中，我们将通过数值结果评估回传对小小区网络平均网络包延迟的影响以及所提出的 BS 关联策略的有效性。用户和宏小区 BS 的密度分别设置为 $2 \times 10^{-4}/m^2$ 和 $10^{-6}/m^2$。无线电接入网络的带宽为 40MHz。回传部署的概率为 $p_f = 0.4$，$p_x = 0.05$，$p_m = 0.45$ 和 $p_s = 0.1$。宏小区 BS 和小小区 BS 的发射功率比为 $P_1/P_2 = 20$。

1. 回传对小小区网络平均网络包延迟的影响

图 5.5 所示为不同小小区 BS 和网关密度下小小区网络中的平均网络包延迟。如图 5.5a 所示，随着小小区 BS 密度的增加，回传延迟几乎保持不变，而无线接入延迟快速下降。当小小区 BS 密度大于 10^{-5} 时，无线接入延迟相对较小，并且回传延迟决定平均网络包延迟。类似地，如图 5.5b 所示，增加网关密度可以有效地减少回传延迟，而如果网关密度高于一定阈值（图 5.5 中的 4×10^{-7}），则无线电接入延迟将主导平均网络包延迟。这意味着通过简单地部署更多数量的小小区 BS 来加密网络不能无限地改善系统性能，并且回传网络中的网关密度应该与小小区 BS 密度成比例地缩放。

图 5.6 所示为在不同的回传能力下，偏差对双层蜂窝网络中平均网络包延迟的影响。最优点对应于最优的偏差因子，这使得平均网络包延迟最小化。首先，比较两种频谱使用模式，频谱共享模式中的最小平均网络包延迟与频谱分割模式相比要小得多，因为频谱分割模式中偏差因子的影响更大。频谱共享模式下平均网络包延迟最小化的最优偏差因子远低于频谱分割模式，这意味着由于更高的干扰，对于偏远地区的用户来说，在频谱共享模式下偏差不是优先的。其次，最优偏差因子随着网关密度的增加而增加，并且会收敛到没有回传的极端情况。这验证了小小区网络中的回传链路将恶化偏差小小区卸载增益。

2. BS 关联策略的比较

在下文中，我们将建议的 BS 关联策略与一些常规的关联策略进行比较，以评估其有效性。选择以下 3 种常规策略进行比较：

1）没有偏差，用户与收到最大平均功率的 BS 相关联；

2）基于距离，用户与最近的 BS 相关联，无论它是宏小区 BS 还是小小区 BS；

3）没有回传感知的偏差，其中用户使用最小化无线电接入延迟的偏差值与

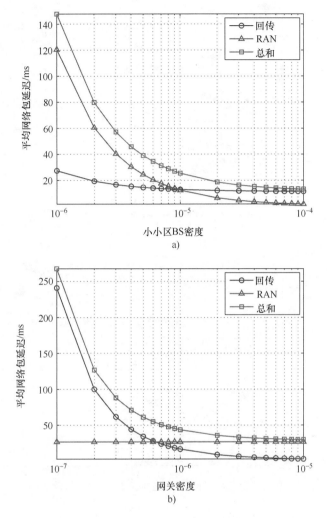

图 5.5 a) 小小区 **BS** 密度和 **b)** 网关密度对平均网络包延迟的影响

（经 IEEE 授权转载[43]）

接收最大偏差平均功率的 BS 相关联。

频谱分配比率全部设置为与关联比率相同。宏小区的偏差因子设置为 1。图 5.7 和图 5.8 所示分别为不同小小区 BS 和网关密度下的平均网络包延迟、相应的关联概率和归一化偏差因子。

从图 5.7a 可以看出，所提出的关联策略的平均网络包延迟始终是最低的，这证实了所提出的回传感知 BS 关联策略的有效性。与基于距离和偏差无回传感知策略相比，所提出策略的平均网络包延迟随着小小区 BS 密度的增加而减少得更快。这是由于如图 5.5a 所示，回传延迟的影响随着小小区 BS 密度增加逐渐

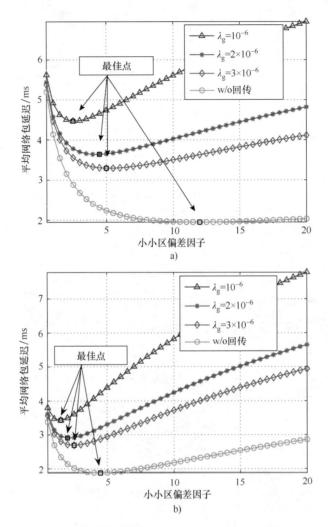

图 5.6　不同频谱模式下偏差因子对平均网络包延迟的影响

a）频谱分割模式　**b**）频谱共享模式（经 IEEE 授权转载[43]）

变得更显著，并决定无线接入延迟。如果不考虑回传，则无偏差策略甚至可能超过有偏差策略。这再次证实了传统偏差策略可能会错误地将更多用户推向小小区网络的直观观念（见图 5.7b），从而使延迟性能恶化。图 5.7c 和图 5.7b 显示偏差因子随着小小区 BS 密度的增加而降低，并且关联概率以递减速率在增加。最后，小小区层的关联概率甚至比没有偏差时还要小，这意味着用户需要被推送到宏小区网络。

最后在图 5.8 中，随着网关密度的增加，平均网络包延迟下降，提出的策略与其他两种偏差策略之间的性能差距变小。这是因为回传延迟持续下降，无

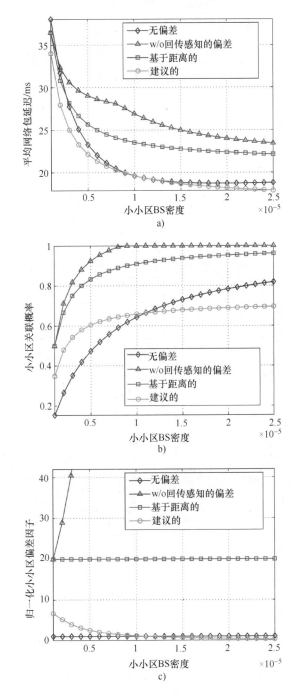

图 5.7　小小区 BS 密度对 BS 关联的影响

a）平均网络包延迟　b）小小区关联概率　c）归一化小小区偏差因子

（经 IEEE 授权转载[43]）

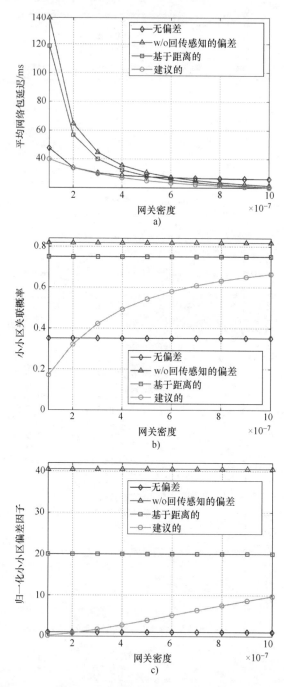

图 5.8   网关密度对 BS 关联的影响

a）平均网络包延迟   b）小小区关联概率   c）归一化小小区偏差因子

（经 IEEE 授权转载[43]）

线电接入延迟占主导地位，这样可以减少偏差策略平均包延迟的下降，而无需考虑回传。然而，与偏差策略相比，无偏差的性能将随着网关密度的增加而变差，这意味着在低回传延迟的情况下需要偏差。另外，从图 5.8b 和图 5.8c 可以看出，由于常规 BS 关联策略不考虑回传，因此网关密度不影响偏差因子或关联概率。总之，我们观察到，通过考虑回归和负载，应该仔细设置关联策略中的偏差因素。

5.6 结论

在本章中，使用空间回传模型，在延迟性能和成本方面对 4 种有前景的回传技术（即光纤、xDSL、毫米波和低于 6GHz）进行了评估。然后研究有线和无线传输的特征，其中前者提供具有可变处理延迟的可靠传输，而后者的传输是不可靠的。我们的研究结果表明，光纤是延迟性能的最佳选择。同时，在严格的传输期限内，优先采用低于 6GHz 的直接传输，而不是使用毫米波或 xDSL 进行多跳传输，而毫米波是短距离链路的有前途的解决方案。总之，我们提出的模型和分析为未来超密集无线网络中回传基础设施的有效部署提供了基本的指导。

基于我们提出的回传模型，提出了一种用于两层蜂窝网络的 BS 关联策略，其目的是最小化回传的平均网络包延迟。观察到使用回传感知 BS 关联策略与使用常规的和回传不相关的依赖于偏差的策略相比，性能得到显著改善。因此，我们提出的分析框架为无线电接入和回传链路的联合设计提供了重要的基础。

参 考 文 献

[1] Quek, T. Q. S., de la Roche, G., Guvenc, I. and Kountouris, M. (2013) *Small Cell Networks: Deployment, PHY techniques, and resource allocation*, Cambridge University Press.

[2] Bhushan, N., Li, J., Malladi, D., Gilmore, R., Brenner, D., Damnjanovic, A., Sukhavasi, R., Patel, C. and Geirhofer, S. (2014) Network densification: The dominant theme for wireless evolution into 5G. *IEEE Communications Magazine*, **52**(2), 82–89.

[3] Baldemair, R., Dahlman, E., Fodor, G., Mildh, G., Parkvall, S., Selen, Y., Tullberg, H. and Balachandran, K. (2013) Evolving wireless communications: Addressing the challenges and expectations of the future. *IEEE Vehicular Technology Magazine*, **8**(1), 24–30.

[4] Chia, S., Gasparroni, M. and Brick, P. (2009) The next challenge for cellular networks: Backhaul. *IEEE Microwave*, **10**(5), 54–66.

[5] O3b Networks and Sofrecom (2013) *Why latency matters to mobile backhaul*. White paper.

[6] NGMN Alliance (2007) *Small cell backhaul requirements*. White paper.

[7] Small Cell Forum (2013) *Backhaul technologies for small cells: Use cases, requirements and solutions*. Technical report.

[8] Raza, H. (2013) A brief survey of radio access network backhaul evolution: Part II. *IEEE Communications Magazine*, **51**(5), 170–177.

[9] Tipmongkolsilp, O., Zaghloul, S. and Jukan, A. (2011) The evolution of cellular backhaul technologies: Current issues and future trends. *IEEE Communications Surveys & Tutorials*, **13**(1), 97–113.

[10] Naveh, T. (2009) *Mobile backhaul: Fiber vs. microwave*. White paper.

[11] Bartelt, J., Fettweis, G., Wübben, D., Boldi, M. and Melis, B. (2013) Heterogeneous backhaul for cloud-based mobile networks. *Proceedings of the IEEE Vehicular Technology Conference*, Las Vegas, September.

[12] Singh, S., Mudumbai, R. and Madhow, U. (2011) Interference analysis for highly directional 60-GHz mesh networks: The case for rethinking medium access control. *IEEE/ACM Transactions on Networking*, **19**(5), 1513–1527.

[13] Constantinescu, D. (2005) *Measurements and models of one-way transit time in IP routers*. Blekinge Institute of Technology, Licentiate dissertation.

[14] Holleczek, P., Karch, R., Kleineisel, R., Kraft, S., Reinwand, J. and Venus, V. (2006) Statistical characteristics of active IP one way delay measurements. *Proceedings of IEEE ICNS*, Silicon Valley, July.

[15] Hooghiemstra, G. and van Mieghem, P. (2011) *Delay distribution on fixed Internet paths*. Delft University of Technology, Technical report Ser. 20011020.

[16] Kompella, R., Levchenko, K., Snoeren, A. and Varghese, G. (2012) Router support for fine-grained latency measurements. *IEEE/ACM Transactions on Networking*, **20**(3), 811–824.

[17] Papagiannaki, K., Moon, S., Fraleigh, C., Thiran, P. and Diot, C. (2003) Measurements and analysis of single-hop delay on IP backbone networks. *IEEE Journal on Selected Areas in Communications*, **21**(6), 908–921.

[18] Akdeniz, M., Liu, Y., Samimi, M., Sun, S., Rangan, S., Rappaport, T. and Erkip, E. (2014) Millimeter-wave channel modeling and cellular capacity evaluation. *IEEE Journal on Selected Areas in Communications*, **32**(6), 1164–1179.

[19] Bai, T., Vaze, R. and Heath Jr, R. (2014) Analysis of blockage effects on urban cellular networks. *IEEE Transactions on Wireless Communications*, **13**(9), 5070–5083.

[20] Ghosh, A., Thomas, T., Cudak, M., Ratasuk, R., Moorut, P., Vook, F., Rappaport, T., MacCartney, G., Sun, S. and Nie, S. (2014) Millimeter-wave enhanced local area systems: A high-data-rate approach for future wireless networks. *IEEE Journal on Selected Areas in Communications*, **32**(6), 1152–1163.

[21] Mudumbai, R., Singh, S. and Madhow, U. (2009) Medium access control for 60 GHz outdoor mesh networks with highly directional links. *Proceedings of IEEE INFOCOM*, Rio de Janeiro, April.

[22] Zhang, Q., Yang, C. and Molisch, A. (2013) Downlink base station cooperative transmission under limited-capacity backhaul. *IEEE Transactions on Wireless Communications*, **12**(8), 3746–3759.

[23] Zhou, L. and Yu, W. (2013) Uplink multicell processing with limited backhaul via per-base-station successive interference cancellation. *IEEE Journal on Selected Areas in Communications*, **31**(10), 1981–1993.

[24] Ahmed, A., Markendahl, J. and Cavdar, C. (2014) Interplay between cost, capacity and power consumption in heterogeneous mobile networks. *Proceedings of IEEE ICT*, Lisbon, May.

[25] Ahmed, A., Markendahl, J. and Cavdar, C. (2014) Techno-economics of green mobile networks considering backhauling. *Proceedings of European Wireless*, Barcelona, May.

[26] Paolini, M. (2011) *Crucial economics for mobile data backhaul*. White paper.

[27] Mahloo, M., Monti, P., Chen, J. and Wosinska, L. (2014) Cost modeling of backhaul for mobile networks. *Proceedings of IEEE ICC*, Sydney, Australia, June.

[28] Chen, D., Quek, T. and Kountouris, M. (2015) Backhauling in heterogeneous cellular networks: Modeling and tradeoffs. *IEEE Transactions on Wireless Communications*, **14**(6), 3194–3206.

[29] Suryaprakash, V. and Fettweis, G. (2014) An analysis of backhaul costs of radio access networks using stochastic geometry. *Proceedings of IEEE ICC*, Sydney, Australia, June.

[30] Suryaprakash, V. and Fettweis, G. (2014) Modeling backhaul deployment costs in heterogeneous radio access networks using spatial point processes. *Proceedings of IEEE WiOpt*, Hammamet, Tunisia, May.

[31] Andrews, J., Singh, S., Ye, Q., Lin, X. and Dhillon, H. (2014) An overview of load balancing in HetNets: Old myths and open problems. *IEEE Wireless Communications*, **21**(2), 18–25.

[32] Singh, S. and Andrews, J. (2014) Joint resource partitioning and offloading in heterogeneous cellular networks. *IEEE Transactions on Wireless Communications*, **13**(2), 888–901.

[33] Kim, H., de Veciana, G., Yang, X. and Venkatachalam, M. (2012) Distributed α-optimal user association and cell load balancing in wireless networks. *IEEE/ACM Transactions on Networking*, **20**(1), 177–190.

[34] Bao, W. and Liang, B. (2014) Structured spectrum allocation and user association in heterogeneous cellular networks. *Proceedings of IEEE INFOCOM*, Toronto, May.

[35] Lin, Y. and Yu, W. (2014) Joint spectrum partition and user association in multi-tier heterogeneous networks. *Proceedings of IEEE CISS*, Princeton, NJ, March.

[36] Sadr, S. and Adve, R. (2014) Tier association probability and spectrum partitioning for maximum rate coverage in multi-tier heterogeneous networks. *IEEE Communications Letters*, **18**(10), 1791–1794.

[37] Andrews, J., Baccelli, F. and Ganti, G. (2011) A tractable approach to coverage and rate in cellular networks. *IEEE Transactions on Communications*, **59**(11), 3122–3134.

[38] Xia, P., Jo, H.-S. and Andrews, J. (2012) Fundamentals of inter-cell overhead signaling in heterogeneous cellular networks. *IEEE Journal of Selected Topics in Signal Processing*, **6**(3), 257–269.

[39] Bai, T. and Heath Jr., R. (2015) Coverage and rate analysis for millimeter wave cellular networks. *IEEE Transactions on Wireless Communications*, **14**(2), 1100–1114.

[40] Fiorani, M., Tombaz, S., Monti, P., Casoni, M. and Wosinska, L. (2014) Green backhauling for rural areas. *Proceedings of IFIP ONDM*, Stockholm, May.

[41] Jo, H.-S., Sang, Y. J., Xia, P. and Andrews, J. (2012) Heterogeneous cellular networks with flexible cell association: A comprehensive downlink SINR analysis. *IEEE Transactions on Wireless Communications*, **11**(10), 3484–3495.

[42] Gradshteyn, I. S. and Ryzhik, I. M. (2007) *Table of Integrals, Series, and Products*, 7th edition. Academic Press.

[43] Zhang, G., Quek, T. Q. S., Kountouris, M., Huang, A. and Shan, H. (2016) Fundamentals of heterogeneous backhaul design–analysis and optimization. *IEEE Transactions on Communications*, **64**(2), 876–889.

第 6 章

异构网络有服务质量保证的动态增强型小区间干扰协调策略

Wei-Sheng Lai 和 Ta-Sung Lee
中国台湾"交通大学"电气与计算机工程系
Tsung-Hui Chang
中国香港中文大学科学与工程学院
Kuan-Hsuan Yeh
中国台湾华硕公司

6.1 引言

对于下一代无线通信系统,高光谱/能量效率、增强的信元平均/边缘吞吐量、高峰值数据速率和低延迟现在被认为是主要的系统设计要求。3GPP 已经为 LTE-A 开发出几种高级技术,比如 CoMP 发送和接收、增强型下行链路/上行链路 MIMO 技术,CA(Carrier Aggregation,载波聚合)和 HetNet。随着移动设备数量在过去几年的增加,数据流量的增长是宽带无线网络中已经确定的事实。HetNet [1-4] 是不断增长的流量需求的最有希望的解决方案之一。

HetNet 是在单个地理区域中具有不同覆盖半径的小小区和宏小区的部署。小小区的密集部署可能导致小区间干扰,并降低 HetNet 的性能提升。在 LTE 和 LTE-A 中开发了用于跟踪小区间干扰的各种技术 [3-6]。ICIC 技术可以协调频域中两个相邻小区的数据传输和干扰 [7,8]。eICIC 方法则是将宏用户卸载到小小区的时域技术 [9-11]。通过不同 BS 之间的 X2 回传接口支持 eICIC 静音模式(ABS)的协调。在宏毫微微部署场景中,功率控制技术是一种简单而有效的方式来管理干扰,无需 X2 回传接口 [4]。

在 HetNet 中,ICIC [12] 的吞吐量性能、用户的动态选择 [13] 和 eICIC 的自适应偏差配置 [14] 已经在过去几年中进行了评估。然而,上述研究假设在 eICIC 机制中为常规或半静态 ABS 适应。eICIC 参数的静态优化不能适当地响应动态网络环境。最近,在不同场景下验证最优 ABS 比率 [15]、动态 ABS 比优化 [16]、eICIC 和

SON（Self-Organizing Network，自组织网络）[17]的组合以及用于快速静音适配的集中式和分布式解决方案[18]已被探讨来用于动态 eICIC 机制。为了考虑网络负载以及用户移动性，有必要在无线通信系统中采用动态 eICIC 机制。

同时，在 HetNet 中，随着时间的推移，移动用户与不同地区的不同服务 BS 相关联。由于频谱带宽有限，用户需要在小区内的 QoS 要求中得到服务。为了确保用户的网络性能符合 ITU（International Telecommunication Union，国际电信联盟）[19-21]定义的 IMT-A（International Mobile Telecommunication-Advanced，高级国际移动电信）的要求，CAC（Called Admission Control，呼叫准入控制）是重要的设计因素。为了在 QoS 要求中支持多媒体业务，以前的研究已经讨论了许多策略[22,23]，如完全共享、完全分区、阈值和 MDP（Markov Decision Process，马尔可夫判定过程）控制。在文献［23］中，基于 MDP 的控制策略被证明是最佳选择。过去几年，在无线蜂窝网络中已经对几个具有 MDP[22]或 SMDP（Semi-Markov Decision Process，半马尔可夫判定过程）[24-28]的 CAC 策略进行了探讨。

在本章中，将介绍一种具有 QoS 要求的动态 eICIC 机制。由于无线用户的移动性，每个活动宏小区和小小区的负载和数据流量都不同。传统的静态 eICIC 机制不能确保 ABS 占空比的适应动态网络条件。只有动态的 eICIC 机制适用于非静态网络流量。采用 SMDP 模型支持多类无线网络的流量动态。为了确定小小区中的最优 CAC 策略，构建了基于 SMDP 的 CAC 策略，以满足 QoS 要求并有效利用系统中的资源。最后，以不同的方式提出了具有 QoS 要求的 eICIC 的动态干扰协调策略，以不同的方式评估系统性能。

本章的组织结构如下。第 6.2 节将重点介绍 eICIC、系统网络架构和问题陈述的机制。在第 6.3 节中，将提出一个联合的动态 eICIC 和准入控制问题，以最大化总吞吐量效用和比例平衡效用。本节还将介绍基于修改的总吞吐量效用和比例平衡效用的策略。第 6.4 节将给出一些算法的数值计算结果。最后，第 6.5 节将给出本章和几个未来可能的结论。

6.2　系统模型和问题陈述

6.2.1　网络环境

如图 6.1 所示，考虑由 N_k 宏蜂窝系统和一组共存的小小区系统组成的多层蜂窝网络。每个 MBS 被分成 3 个扇区，并且服务于可以在每个扇区中独立移动的 N_i 组 UE。由于 UE 的移动性和流量动态，蜂窝通信系统负载不断变化。为了平衡来自 MBS 的网络负载，N_j 个 SBS 被放置在具有 QoS 约束的宏小区中。不同的用户运动由用于实现动态 eICIC 机制的不同的移动性模型建模。为了确保灵活和适应性系统，还将考虑信道模型和流量模式模型，详见第 6.4 节和表 6.1。

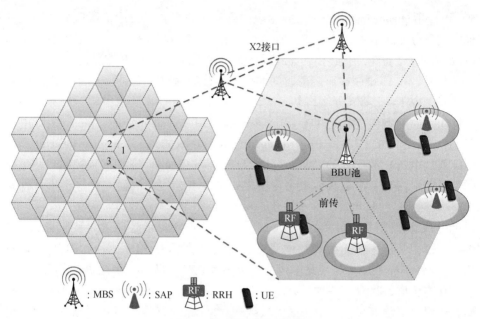

图 6.1 多层蜂窝通信网络

表 6.1 参数设置

参　　数	数　　值
系统	载波频率（f_c）：2GHz
	带宽（W_B）：10MHz
小区形状和大小	ISD 六角阵列
	热点：500m
	sLRB：1732m，3 级环，57 个部分
BS 天线高度	MBS：32m，UE：1.5m
BS 天线水平和垂直模式	MBS：
	$A_p(\phi,\varphi) = -\min\{-[A_{pH}(\phi)+A_{pV}(\varphi)],A_{att}\}$
	$A_{pH}(\phi) = -\min\left[12\left(\dfrac{\phi}{\phi_{ab}}\right)^2, A_{att}\right]$dB
	$-180° \leqslant \phi \leqslant 180°$
	3dB 方位角的波束宽度 $\phi_{ab} = 70°$
	最大衰减 $A_{att} = 20$dB
	$A_{pV}(\varphi) = -\min\left[12\left(\dfrac{\varphi-\varphi_t}{\varphi_{vb}}\right)^2, A_v\right]$dB
	$\varphi_t = 6°$
	3dB 的垂直波束宽度 $\varphi_{vb} = 10°$
	最大衰减 $A_v = 20$dB
	PBS：全向

（续）

参　　数	数　　值
天线方向（垂直方位角）	主瓣（0°30°）
传播模式	MBS：$128.1 + 37.6\log_{10}$（d）dB，d 以 km 为单位 最小 BS-UE 分隔：35m PBS：$140.7 + 36.7\log_{10}$（d）dB，d 以 km 为单位 最小 BS-UE 分隔：10m
对数正常阴影	阴影相关距离 = 50m MBS：标准偏差 = 8.0dB PBS：标准偏差 = 10.0dB
BS 阴影相关系数	在 BS 之间 = 0.5，小区的扇区之间 = 1
移动噪声系数和热噪声密度	9dB，−174dbm/Hz
天线增益	MBS：14dBi，PBS：5dBi，UE：0dBi
渗透损失	20dB
快速衰减模型	多普勒 $f_d = 70$Hz
BS 最大功率	MBS：46dbm，PBS：30dbm
RB 数量	50
同户数	sLRB：60，热点：30
模拟时间（T_{sim}）	60s
CSB	$\{0, 3, 6, 9, 12, 15\}$dB

首先考虑 OFDMA（Orthogonal Frequency-Division Multiple Access，正交频分多址）系统的下行链路传输。所有宏小区 BS 和小小区 BS 在 2GHz 的载波频率下使用相同的 10MHz 带宽。当采用时域 eICIC 技术时，由 SBS 服务的 UE 可以分为两组。小区原始覆盖范围内没有偏差扩展的 UE 被称为 INC（In-Cell，小区内）UE，而 CRE（Cell-Range-Extended，小区范围扩展）UE 在外面的 CSB（Cell Selection Bias，小区选择偏差）覆盖范围内。如图 6.2 所示，考虑由 SBS j 服务的 INC UE l。为了确定 BS 和用户之间的关联，每个用户测量每个 BS 的 RSRP。通过从 SBS j 到 UE l 选择最大 RSRP 来确定服务 SBS，由式（6.1）给出，即

$$\arg \max_{j} \mathrm{RSRP}_l^j \tag{6.1}$$

式中，RSRP_l^j 表示来自 SBS j 的 UE l 的平均 RSRP。由 MBS 服务的 UE 也可以以这种方式确定。在 eICIC 机制中，INC 用户仍然受到宏小区的干扰。INC UE l 在相同频段中实现的 SINR 可写为

$$\text{SINR}_{j,l} = \frac{P_j G_{j,l}}{\sum_{j=1,j\neq j'}^{N_j} P_j G_{j,l} + \sum_{k=1}^{N_k} P_k G_{k,l} + z_{j,l}} \tag{6.2}$$

式中，P_j 和 P_k 分别表示 SBS j 和 MBS k 的发射功率；$G_{j,l}$ 和 $G_{k,l}$ 分别是来自 SBS j 和 MBS k 的 UE l 的信道增益，$z_{j,l}$ 是 UE l 在 SBS j 的高斯噪声功率。与 INC 用户相反，CRE 用户受到 MBS 的 ABS 保护。考虑由 SBS j 服务的 CRE UE i，如图 6.2 所示。服务的 SBS 可以通过添加 CSB 来确定

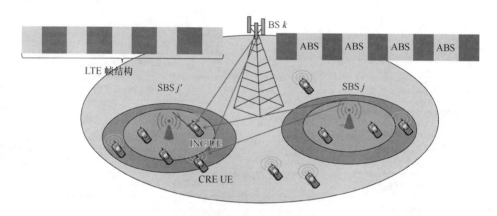

图 6.2　小小区中的 INC UE 和 CRE UE

$$\arg \max_j \{ \text{RSRP}_i^j + \text{CSB} \} \tag{6.3}$$

式中，RSRP_i^j 表示来自 SBS j 的用户 i 的平均 RSRP。CSB 是 SBS j 处的非负值（以 dB 为单位）。通过 MBS 功率静音，与相同频段的 SBS j 相关联的 CRE 用户 i 实现的 SINR 可以写为

$$\text{SINR}_{j,i} = \frac{P_i G_{j,i}}{\sum_{j=1,j\neq j'}^{J} P_j G_{j,i} + \sum_{k=2}^{K} P_k G_{k,i} + z_{j,i}} \tag{6.4}$$

式中，$G_{j,i}$ 和 $G_{k,i}$ 分别是来自 SBS j 和 MBS k 的 UE i 的信道增益；$z_{j,i}$ 是 SBS j 中用户 i 的高斯噪声功率。

6.2.2　QoS 约束

在 HetNet 的 QoS 条件下，所有其他新用户必须允许每个组中的用户满足 QoS 要求，否则将被阻止。为了平衡 MBS 的负载，采用报告 ITU-R M. 2134[19] 中的小区边缘用户频谱效率和流量信道链路数据速率作为所需的最小频谱效率和 RB 分配率。假设 INC 或 CRE 地区的用户需要的最低速率分别为 $R_{\min}^{\text{INC}}$ 和 $R_{\min}^{\text{CRE}}$。

$$R_j^{(s)} = W s_j^{(s)} \log_2 (1 + \text{SINR}_j^{(s)}) \geq R_{\min}^{\text{INC}} \tag{6.5}$$

$$R_j^{(m)} = Ws_j^{(m)} \log_2 \left(1 + \text{SINR}_j^{(m)} \right) \geqslant R_{\min}^{\text{CRE}} \tag{6.6}$$

式中，$\text{SINR}_j^{(s)}$ 和 $\text{SINR}_j^{(m)}$ 分别是由小小区 j 中的 INC 和 CRE 用户实现的最小 SINR。每个资源块的带宽为 W，INC 用户和 CRE 用户的 RB 数分别为 $s_j^{(s)}$ 和 $s_j^{(m)}$。除了式（6.5）和式（6.6）中的速率约束之外，$s_j^{(s)}$ 和 $s_j^{(m)}$ 满足

$$s_j^{(s)} \geqslant \left\lceil \frac{R_{\text{alloc}}^{\text{INC}}}{W \log_2 \left(1 + \text{SINR}_j^{(s)} \right)} \right\rceil \tag{6.7}$$

$$s_j^{(m)} \geqslant \left\lceil \frac{R_{\text{alloc}}^{\text{CRE}}}{W \log_2 \left(1 + \text{SINR}_j^{(m)} \right)} \right\rceil \tag{6.8}$$

式中，$R_{\text{alloc}}^{\text{INC}}$ 和 $R_{\text{alloc}}^{\text{CRE}}$ 是 INC 和 CRE 用户的最小所需 RB 分配率。一个小小区中共有 N 个 RB，INC 和 CRE 用户分配的 RB 数量满足

$$N \geqslant s_j^{(s)} u_j^{(s)} \tag{6.9}$$

$$N \geqslant s_j^{(m)} u_j^{(m)}, \ \forall j = 1, 2, \cdots, N_j \tag{6.10}$$

式中，INC 和 CRE 用户的数量分别为 $u_j^{(s)}$ 和 $u_j^{(m)}$。SBS j 选择小区中 INC 和 CRE 用户的最小 SINR，并计算每个用户分配的资源块数。然后 SBS j 将相同数量的资源块分配给小区中的其他 INC 和 CRE 用户，如图 6.2 所示。为了保护用户，上述限制仅用于设计本章介绍的准入控制。

6.2.3 问题陈述

在本节中，考虑 HetNet 的动态 eICIC 和 QoS 条件。为了评估提出的解决方案，吞吐量和公平性是用于评估所提出的动态 eICIC 机制的两个指标。吞吐量和公平性分别由参考文献 [29] 中的总和率（bit/s）和 Jain 指数来衡量。

我们专注于系统效用最大化。效用函数可以由系统吞吐量或公平标准组成。在以前的工作[1]中，总利用率用于测量系统的总吞吐量，因此可以通过添加 QoS 约束来修改此效用，从而评估系统性能。由于 QoS 约束，用户阻塞概率被添加在这个新的效用中，称为"修改的总速率效用"，其给出如下：

$$U_{\sum, \text{mod}} = \sum_{l=1}^{u^M} (1 - \theta) \frac{R_l^M}{u^M} + \sum_{j=1}^{N_j} \sum_{i=1}^{u_j^{(m)}} \theta \frac{R_{ji}^{(m)}}{u_j^{(m)}} (1 - B_j^{(m)}) + $$
$$\sum_{j=1}^{N_j} \sum_{i=1}^{u_j^{(s)}} (1 - \theta) \frac{R_{ji}^{(s)}}{u_j^{(s)}} (1 - B_j^{(s)}) \tag{6.11}$$

式中，θ 是 ABS 的占空比；R_l^M 表示宏 m 中的第 i 个宏用户速率；$R_{ji}^{(m)}$ 和 $R_{ji}^{(s)}$ 分别是小小区 j 中第 i 个 CRE 用户和第 i 个 INC 用户的速率。此外，u^M、$u_j^{(m)}$ 和 $u_j^{(s)}$ 别是宏 m 的用户数、小小区 j 中的 CRE 用户数和小小区 j 中的 INC 用户数；$B_j^{(m)}$ 和 $B_j^{(p)}$ 分别是 CRE 和 INC 用户在小小区 j 中的阻塞概率。此外，流量或负载状况由停留在小小区中现有用户的数量决定。将每个用户的时间近似于相等，比例平衡调度器使小小区中每组用户的吞吐量尽可能平衡。修改的效用

如下：

$$U_{\log,\mathrm{mod}} = \sum_{l=1}^{u^M} \log\left((1-\theta)\frac{R_l^M}{u^M} \right) + \sum_{j=1}^{N_j} \sum_{i=1}^{u_i^{(m)}} \log\left(\theta\frac{R_{ji}^{(m)}}{u_j^{(m)}}(1-B_j^{(m)}) \right)$$

$$+ \sum_{j=1}^{N_j} \sum_{i=1}^{u_j^{(s)}} \log\left((1-\theta)\frac{R_{ji}^{(p)}}{u_j^{(s)}}(1-B_j^{(s)}) \right) \tag{6.12}$$

除了每组用户的阻塞概率外，RB 的数量也是 SBS 的重要约束。将修正效用函数作为目标函数，并将 ABS 占空比和 RB 数作为约束。然后，优化问题可以表示为

$$\max_{\theta} U_{\mathrm{mod}}(\theta, B_j^{(m)}, B_j^{(s)})$$

$$\theta_{\min} \leqslant \theta \leqslant \theta_{\max}$$

$$N \geqslant s_j^{(s)} u_j^{(s)}, \forall j \tag{6.13}$$

$$N \geqslant s_j^{(m)} u_j^{(m)}, \forall j$$

式中，ABS 占空比 θ 的约束可以在 LTE 标准下从最小值 $\theta_{\min}$ 变化到最大值 $\theta_{\max}$。这里，N 是小小区中 RB 的总数。INC 和 CRE 用户在小小区 j 中的 RB 数分别为 $s_j^{(s)}$ 和 $s_j^{(m)}$。

6.3　动态干扰协调策略

6.3.1　SMDP 分析

音频/视频传输高质量的不中断连接是移动用户所关心的。SMDP 模型允许在多级环境中满足其最佳 QoS 流量参数的多个类调用。使用 CAC 策略，可以将 SMD-CAC（基于 SMDP 的 CAC）问题的环境流量特征描述出来[27]。在 SMDP 模型中，以前的状态与当前系统状态没有任何关系[30,31]。每当新的呼叫到达小小区时，CAC 必须仅根据当前状态进行决策。考虑下面一个特定的不失一般性的小小区 j，小小区 j 在时间 t 的一般状态如下：

$$\boldsymbol{x}_j(t) \triangleq [u_j^{(s)}(t)\, u_j^{(m)}(t)], \forall j \tag{6.14}$$

式中，$u_j^{(s)}(t)$ 和 $u_j^{(m)}(t)$ 分别表示在时间 t 的小小区 j 中的 INC 和 CRE 用户的数量。在每个判定时间，我们假设每个组中的一个新的到达/离开过程作为附加过程事件。新的到达过程由具有速率 λ 的泊松分布建模，出发过程使用具有速率 σ 的另一个泊松分布建模。然后，我们可以将两个附加的事件进程建模为事件处理向量。我们定义事件处理向量如下：

$$\boldsymbol{e}_{\mathrm{additional}} = [e_{\mathrm{INC}}, e_{\mathrm{CRE}}], e \in \{1, 0, -1\} \tag{6.15}$$

式中，e_{INC} 和 e_{CRE} 分别表示 INC 和 CRE 用户的事件进程。当该组的事件进程等于

1 或 −1 时，分别表示进入或离开该组的连接。将当前状态 $\boldsymbol{x}_j(t)$ 建模为时间 t 的原始状态，我们可以通过将事件处理向量添加到当前状态来获得另一状态。当前状态和下一状态之间的关系可以写成

$$\boldsymbol{x}'_j(t) = \boldsymbol{x}_j(t) + \boldsymbol{e}_{\text{additional}} \tag{6.16}$$

式中，$\boldsymbol{x}'_j(t)$ 表示在时间 t 的小小区 j 中的用户组的下一个可能状态。因为事件过程是有限的，所以我们必须在下一个可能的状态下进行有限的选择。将这个有限的下一个可能的状态空间设置为 $\boldsymbol{x}(t)$，对于 $\boldsymbol{x}(t)$ 中的每个状态，允许动作的集合 $\boldsymbol{A}(\boldsymbol{x})$ 可用。

INC 或 CRE 用户的新的到达和离开实例形成 SMDP 的决定时间。事实上，CAC 只需要在任一组中进行新的到达过程。我们将时间 t 的小小区 j 中的动作 $\boldsymbol{a}$ 定义为

$$\boldsymbol{a}_j(t) = [a_j^{(s)}(t)\ a_j^{(m)}(t)], \forall j \tag{6.17}$$

式中，$a_j^{(s)}(t)$ 和 $a_j^{(m)}(t)$ 分别表示在时间 t 的小小区 j 中的 INC 和 CRE 用户的动作。小小区 j 中的动作 $\boldsymbol{a}$ 必须满足式（6.7）和式（6.8）中的 RB 约束。当该组的操作等于 1 或 0 时，会从该组中接收或阻止其他新的连接请求。

如果小小区 j 处于原始状态，则在采取动作 $\boldsymbol{a}$ 之后，在系统进入下一个可能状态之前，预期时间 $\tau_j(\boldsymbol{x}, \boldsymbol{a})$ 由式（6.18）给出

$$\tau_j(\boldsymbol{x},\boldsymbol{a}) = \begin{bmatrix} \lambda_j^{(s)} a_j^{(s)} + \sigma_j^{(s)} u_j^{(s)} + \lambda_j^{(m)} a_j^{(m)} + \sigma_j^{(m)} u_j^{(m)} \\ + \lambda_j^{(s)} a_j^{(s)} \lambda_j^{(m)} a_j^{(m)} + \lambda_j^{(s)} a_j^{(s)} \sigma_j^{(m)} u_j^{(m)} \\ + \sigma_j^{(s)} u_j^{(s)} \lambda_j^{(m)} a_j^{(m)} + \sigma_j^{(s)} u_j^{(s)} \sigma_j^{(m)} u_j^{(m)} \end{bmatrix}^{-1} \tag{6.18}$$

当在小小区 j 中采取动作 $\boldsymbol{a}$ 时，从当前状态 $\boldsymbol{x}_j(t)$ 到 $\boldsymbol{X}(t)$ 中的下一个状态 $\boldsymbol{x}'_j(t)$ 的转移概率 $p_j(\boldsymbol{x}, \boldsymbol{x}', \boldsymbol{a})$ 可以写为

$$p_j(\boldsymbol{x},\boldsymbol{x}'_j,\boldsymbol{a}) = \begin{cases} \lambda_j^{(m)} a_j^{(m)} \tau_j(\boldsymbol{x},\boldsymbol{a}), & \text{当 } \boldsymbol{x}'_j(t) = \boldsymbol{x}_j(t) + [0\ 1]\text{时} \\ \sigma_j^{(m)} u_j^{(m)} \tau_j(\boldsymbol{x},\boldsymbol{a}), & \text{当 } \boldsymbol{x}'_j(t) = \boldsymbol{x}_j(t) + [0\ -1]\text{时} \\ \lambda_j^{(s)} a_j^{(s)} \tau_j(\boldsymbol{x},\boldsymbol{a}), & \text{当 } \boldsymbol{x}'_j(t) = \boldsymbol{x}_j(t) + [1\ 0]\text{时} \\ \sigma_j^{(s)} u_j^{(s)} \tau_j(\boldsymbol{x},\boldsymbol{a}), & \text{当 } \boldsymbol{x}'_j(t) = \boldsymbol{x}_j(t) + [-1\ 0]\text{时} \\ \lambda_j^{(s)} a_j^{(s)} \lambda_j^{(m)} a_j^{(m)} \tau_j(\boldsymbol{x},\boldsymbol{a}), & \text{当 } \boldsymbol{x}'_j(t) = \boldsymbol{x}_j(t) + [1\ 1]\text{时} \\ \lambda_j^{(s)} a_j^{(s)} \sigma_j^{(m)} u_j^{(m)} \tau_j(\boldsymbol{x},\boldsymbol{a}), & \text{当 } \boldsymbol{x}'_j(t) = \boldsymbol{x}_j(t) + [1\ -1]\text{时} \\ \sigma_j^{(s)} u_j^{(s)} \lambda_j^{(m)} a_j^{(m)} \tau_j(\boldsymbol{x},\boldsymbol{a}), & \text{当 } \boldsymbol{x}'_j(t) = \boldsymbol{x}_j(t) + [-1\ 1]\text{时} \\ \sigma_j^{(s)} u_j^{(s)} \sigma_j^{(m)} u_j^{(m)} \tau_j(\boldsymbol{x},\boldsymbol{a}), & \text{当 } \boldsymbol{x}'_j(t) = \boldsymbol{x}_j(t) + [-1\ -1]\text{时} \\ 0, & \text{其他} \end{cases}$$

$$\tag{6.19}$$

6.3.2　具有 QoS 约束的准入控制

为了为小小区用户提供更好的服务，在系统中添加了 QoS 要求。小小区中

的用户根据其 SINR 需要不同数量的 RB。在小小区中添加 QoS 要求意味着必须考虑效用函数的用户阻塞概率。在 SMDP 模型中，首先最小化可以表示为 SMD-CAC 问题的小小区 j 中的阻塞概率。SMD-CAC 问题是一个凸优化问题，可以通过 LP（Linear Programming，线性规划）方法来解决。问题定义如下：

$$\min_{z_{x,a} \geq 0} \left(\begin{array}{l} \sum_{x \in X} \sum_{a \in A(x)} (1 - a_j^{(s)}) z_{j,x,a} \tau_j(\boldsymbol{x}, \boldsymbol{a}) \\ + \sum_{x \in X} \sum_{a \in A(x)} (1 - a_j^{(m)}) z_{j,x,a} \tau_j(\boldsymbol{x}, \boldsymbol{a}) \end{array} \right)$$

$$\sum_{a \in A_y} z_{j,y,a} - \sum_{x \in X} \sum_{a \in A(x)} P_{j,xy}(\boldsymbol{a}) z_{j,x,a} = 0, \forall y \in X(t), j$$

$$\sum_{x \in X} \sum_{a \in A(x)} z_{j,x,a} \tau_j(\boldsymbol{x}, \boldsymbol{a}) \leq 1, \forall j$$

$$B_j^{(m)} = \sum_{x \in X} \sum_{a \in A(x)} (1 - a_i^{(m)}) z_{i,x,a} \tau_i(\boldsymbol{x}, \boldsymbol{a}) \leq 1, \forall j$$

$$B_j^{(s)} = \sum_{x \in X} \sum_{a \in A(x)} (1 - a_j^{(s)}) z_{j,x,a} \tau_j(\boldsymbol{x}, \boldsymbol{a}) \leq 1, \forall j \tag{6.20}$$

式中的前两个约束表示标准 MDP 约束。一个是平衡方程，另一个描述了稳态概率必须总和为 1。此外，$z_{i,x,a}$ 表示当小小区 j 处于状态 $\boldsymbol{x}$ 时选择动作 $\boldsymbol{a}$ 的时间，状态 $\boldsymbol{y}$ 是状态 $\boldsymbol{x}$ 中小小区 j 的下一个可能状态。

基于 SMD-CAC 优化问题，提出了一种动态准入策略，以决定小小区应该服务的 UE 数量。首先，所有的 UE 都从当前活动 BS 测量它们的 RSRP。根据 3GPP 技术报告 36.331（TR-36.331），UE 在固定时间段内测量来自不同 BS 的不同平均 RSRP，使用它们来确定服务 BS 并触发 MR（Measure Report，测量报告）。

算法 1 分布式准入控制

1. **Start**
2. Each UE measures its own RSRP using Equation **(6.28)**
3. Identify user cell association using Equation **(6.3)**
4. SBS calculates the number of users and determines how many RBs should be assigned for each using Equations **(6.5)** to **(6.8)**
5. **Solve** the SMD-CAC problem in Equation **(6.20)** and calculate the blocking probability
6. **Calculate** rates $\{R_j\}$ using Equations **(6.5)** and **(6.6)**
7. According to the blocking probability, drop the UE $\hat{j}$ that has the smallest rate in each small cell
8. If the UE $\hat{j}$ is in the INC region, then $U_j^{(s)} \leftarrow U_j^{(s)} \backslash \{\hat{j}\}$, where $U_j^{(s)}$ is the set of UEs in the INC region If the UE $\hat{j}$ is in the CRE region, then $U_j^{(m)} \leftarrow U_j^{(m)} \backslash \{\hat{j}\}$, where $U_j^{(m)}$ is the set of UEs in the CRE region
9. **If** $R_j < R_{\min}$, $\forall j \in U_j^{(s)} \cap B_j^{(s)} \neq B_j^{(s)*}$ and $R_j < R_{\min}$, $\forall j \in U_j^{(m)} \cap B_j^{(m)} \neq B_j^{(m)*}$, go to Step 6. Do until $R_j \geq R_{\min}$, $\forall j \in U_j^{(s)} \cap B_j^{(s)} = B_j^{(s)*}$ and $R_j \geq R_{\min}$, $\forall j \in U_j^{(m)} \cap B_j^{(m)} = B_j^{(m)*}$
10. **Done**

6.3.3　联合动态 eICIC 和总速率最大化的准入控制

随着时间的推移，移动用户与不同的小区覆盖的不同 BS 相关联。服务 SBS 同时从不同的 UE 接收 MR。根据 MR 和可用 RB 的数量，服务 SBS 将接受或阻止来自其他 BS 的新来的用户。对于 MBS，传统的干扰减轻在 ABS 中表现为静态。换句话说，所有传输帧中的 ABS 的比率不变。静态 eICIC 技术不考虑动态改变网络流量。以前的研究[16,17]评估了动态 eICIC 的性能，但在小小区中没有考虑用户速率与 QoS 条件。通过引入每组用户的阻塞概率，修改的总速率效用可以成为将 ABS 占空比和 RB 数作为约束的目标函数。优化问题可以表示为

$$\max_{\theta} U_{\sum,\mathrm{mod}} = \sum_{l=1}^{u^M}(1-\theta)\frac{R_{\ell}^M}{u^M} + \sum_{i=1}^{J}\sum_{k=1}^{u_i^{(m)}}\theta\frac{R_{ik}^{(m)}}{u_i^{(m)}}(1-B_i^{(m)}) + \sum_{i=1}^{J}\sum_{k=1}^{u_i^{(p)}}(1-\theta)\frac{R_{ik}^{(p)}}{u_i^{(p)}}(1-B_i^{(p)})$$

$$0 \leqslant \theta \leqslant 0.6$$
$$N \geqslant s_i^{(p)}u_i^{(p)},$$
$$N \geqslant s_i^{(m)}u_i^{(m)}, \forall i = 1,2,\cdots,J$$

$$(6.21)$$

式中，ABS 占空比 θ 的约束可以在 LTE 标准下从最小（0）到最大（0.6）变化。如式（6.13）中，N 是小小区中 RB 的总数，小小区 j 中 INC 和 CRE 用户的 RB 数分别为 $s_i^{(s)}$ 和 $s_i^{(m)}$。最优的 ABS 占空比可以从凸优化得到。因为问题的目标函数只是变量（ABS 占空比）的一阶方程，所以我们可以通过得出最优的 ABS 占空比来分析目标函数并预测系统性能。从式（6.21）可以看出，这个修正的总值效用函数在 θ 中是凸的。因为在约束条件下 θ 的值可以从 0 变化到 0.6，所以 ABS 占空比 θ 的最优值可以通过 KKT 条件求解，得到

$$\theta_{\sum,\mathrm{mod}}^{\mathrm{opt}} = \begin{cases} 0.6 & \text{当 } \sum_{i=1}^{J}\sum_{k=1}^{u_i^{(m)}}\frac{R_{ik}^{(m)}}{u_i^{(m)}}(1-B_i^{(m)}) > \left(\sum_{l=1}^{u^M}\frac{R_{\ell}^M}{u^M} + \sum_{i=1}^{J}\sum_{k=1}^{u_i^{(p)}}\frac{R_{ik}^{(p)}}{u_i^{(p)}}(1-B_i^{(p)})\right) \text{时} \\ 0 & \text{其他} \end{cases}$$

$$(6.22)$$

基于式（6.21）中的优化问题，提出了一种联合动态干扰策略和准入控制算法来解决这个问题。首先，SBS 在算法 1 中确定最优用户 CAC 策略，来解决式（6.21）中的优化问题，以协调宏小区与小小区之间的干扰。该策略在算法 2 中显示。

算法 2　联合动态干扰策略和准入控制

1. **Start** (t = 0)
2. Each SBS executes **Algorithm** 1
3. MBS receives all information from the SBSs by the X2 backhaul interface
4. **Solve** the optimization problem in Equation (6.21) such that the MBS obtains the optimal ABS duty cycle θ in the transmission frames
5. **If** $t < T_{sim}$, go to Step 2. Do until $t = T_{sim}$
6. **Done**

6.3.4 联合动态 eICIC 和比例平衡最大化准入控制

修改的效用是对数效用的总和，显然是一个凸函数。此外，RB 的数量可以用作制定优化问题的约束。选择修改效用作为目标函数，并将 ABS 占空比范围和 RB 数作为约束，式（6.13）的优化问题可以写为

$$\max_{\theta} U_{\log,\text{mod}} = \sum_{l=1}^{u^M} \lg\Big((1-\theta)\frac{R_\ell^M}{u^M} \Big) + \sum_{j=1}^{N_j} \sum_{i=1}^{u_j^{(m)}} \log\Big(\theta \frac{R_{ji}^{(m)}}{u_j^{(m)}}(1-B_j^{(m)}) \Big) +$$

$$\sum_{j=1}^{N_j} \sum_{i=1}^{u_j^{(s)}} \lg\Big((1-\theta)\frac{R_{ji}^{(s)}}{u_j^{(s)}}(1-B_j^{(s)}) \Big) \qquad (6.23)$$

$$0 \leqslant \theta \leqslant 0.6$$

$$N \geqslant s_j^{(s)} u_j^{(s)}, \forall j$$

$$N \geqslant s_j^{(m)} u_j^{(m)}, \forall j$$

这里提出了基于式（6.23）中优化问题的动态干扰协调策略和准入控制算法。首先，UE 从所有活动的 SBS 和 MBS 测量它们的 RSRP。根据 3GPP TR-36.331，UE 测量来自所有不同 BS 的所有不同的平均 RSRP。然后，UE 从所有活动的 BS 中确定服务 SBS 或 MBS，并且基于最近的平均 RSRP 触发 MR。其次，SBS 执行算法 1 以确定可以与该 SBS 相关联的 UE 数量。用户和分配的 RB 的数量在 SBS 中计算。SBS 需要创建最优的 CAC 策略并获得每组用户的阻塞概率。最后，所有信息都通过 X2 接口从 SBS 发送到 MBS。使用凸优化技术，可以解决式（6.23）中的优化问题。MBS 通过求解式（6.23）获得最佳 ABS 占空比。所提出的算法与算法 2 相同。

由于式（6.23）中问题的目标函数是 ABS 占空比的一阶方程，因此可以预测最佳的 ABS 占空比。式（6.23）中的目标函数可以写为

$$U_{\log,\text{mod}} = \sum_{l=1}^{u^M} \lg\Big((1-\theta)\frac{R_\ell^M}{u^M} \Big) + \sum_{j=1}^{N_j} \sum_{i=1}^{u_j^{(m)}} \lg\Big(\theta \frac{R_{ji}^{(m)}}{u_j^{(m)}}(1-B_j^{(m)}) \Big) +$$

$$\sum_{j=1}^{N_j} \sum_{i=1}^{u_j^{(s)}} \lg\Big((1-\theta)\frac{R_{ji}^{(s)}}{u_j^{(s)}}(1-B_j^{(s)}) \Big) \qquad (6.24)$$

$$= \Big(u^M + \sum_{j=1}^{N_j} u_j^{(s)} \Big)\lg(1-\theta) + \Big(\sum_{j=1}^{N_j} u_j^{(m)} \Big)\lg(\theta) + C_R$$

其中

$$C_{\mathrm{R}} = \sum_{l=1}^{u^M} \lg\left(\frac{R_\ell^M}{u^M}\right) + \sum_{j=1}^{N_j} \sum_{i=1}^{u_j^{(m)}} \lg\left(\frac{R_{ji}^{(m)}}{u_j^{(m)}}(1 - B_j^{(m)})\right) + \sum_{j=1}^{N_j} \sum_{i=1}^{u_j^{(s)}} \lg\left(\frac{R_{ji}^{(s)}}{u_j^{(s)}}(1 - B_j^{(s)})\right)$$

$$(6.25)$$

因此，可以通过找到效用的偏导数来解决最佳 ABS 占空比问题

$$\left.\frac{\partial U_{\log,\mathrm{mod}}(\theta)}{\partial \theta}\right|_{\theta = \theta_{\log,\mathrm{mod}}^{\mathrm{opt}}} = 0 \qquad (6.26)$$

最佳 ABS 占空比为

$$\theta_{\log,\mathrm{mod}}^{\mathrm{opt}} = \frac{\displaystyle\sum_j^{N_j} u_j^{(m)}}{\displaystyle\sum_j^{N_j} u_j^{(m)} + \sum_j^{N_j} u_j^{(s)} + u^M} \qquad (6.27)$$

6.4　数值结果

在我们的模拟模型中，由 90 个小区组成 3 层。如图 6.3 所示，每个站点都有 3 个扇区。扇区 1 被称为"模拟扇区"。4 个 PBS（Pico-Cell Base Station，微微小区基站）被均匀地放置在模拟扇区中，并且它们位于距离中央 MBS 0.3 个 ISD（Inter-Site Distance，站点间距离）处。在模拟中，动态干扰协调策略始终运行，直到模拟时间 T_{sim} 结束。

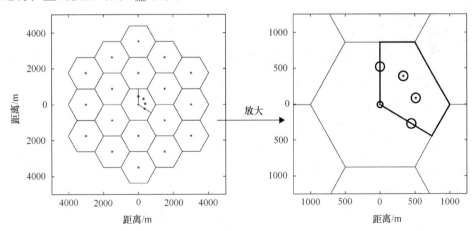

图 6.3　模拟环境设置

用户移动性是我们模拟模型中的一个重要特征。在文献 [16] 和 3GPP 技术报告[32,33]中，我们的模拟采用两种模型，即 sLRB（straightline Motion with Random Bouncing，随机弹跳）和 HotSpot（热点）的直线运动。一个模型模拟

不可预测的用户运动，其他模型模拟可预测的用户运动。sLRB 可以模拟许多在城市或大型广场徘徊的人。在 sLRB 模型中，用户均匀地位于模拟扇区的周围。每个用户沿着随机方向直线移动。当用户移动到扇区的边缘时，他/她向任何方向反弹。给定速度为 37.8km/h，用户在模拟期间总是改变他们在模拟扇区的位置。

HotSpot 模拟诸如棒球比赛或在餐厅举办晚餐活动。在 HotSpot 模型中，用户总数的 2/3 最初停留在小小区中（距离小于 50m）。这些用户以一个随机的方向移动。一旦到达小小区的边缘，用户将以随机方向反弹。根据文献［33］中的情况 4b，1/3 的用户统一分布在模拟扇区中。在 T_{sim} s 的模拟期间，他们在事件开始之前移动到最近的小小区。他们在小小区停留一段时间（这是事件的持续时间），然后返回到它们的初始位置。

信道模型由模拟参数表和 RLM（Radio Link Monitoring，无线电链路监测）两部分组成。RLM 过程取自 3GPP TR- 36.331。另外，模拟参数按照 3GPP 标准[33,34]进行设置，并列在表 6.1 中。信道传播模型和天线方向图也包括在表 6.1 中。在模拟中，假设信道估计、同步和瞬时反馈是完全准确的。

UE 必须测量平均 RSRP 以确定哪个 BS 是服务 BS。由于用户运动，UE 在模拟期间重新与一些不同的 BS 相关联。以下是文献［33，34］中给出的 RLM 过程：

L1 采样：每 10ms 采样所有 SBS 和 MBS 的第 10 个 RSRP。

L3 采样：从所有 SBS 和 MBS 获取 20 个 L1 样本，然后计算每 200ms 的平均值。

L3 滤波：使用式（6.28）估计每 200ms 的平均 RSRP。

$$\mathrm{RSRP}_{avg}(t) = \frac{3}{4}\mathrm{RSRP}_{avg}(t-1) + \frac{1}{4}\mathrm{L3}_{avg} \qquad (6.28)$$

这里定义一个 A3 事件如下：一个 UE 将 MR 发送到服务于它的 BS[32]。根据平均 RSRP，服务 BS 每 200ms 重新连接其用户。首先，我们知道动态 eICIC 机制从最佳 ABS 时间演化模式自动选择 θ。然后我们比较静态和动态 eICIC 机制。详细设置如下，间隔范围为 0~0.6，分为 60 个相等的点。该点的每个值表示静态 eICIC ABS 占空比。UE 每 200ms 触发一次 MR（A3 事件），并且在 T_{sim} s 期间 A3 事件有 300 个采样点。

我们考虑两个场景，并将 CSB 设置为 3dB 进行实验。在场景 1 中，只有少数（例如 2~3 个）UE 由小小区的 CRE 区域服务；在情景 2 中，更多（例如 7~8 个）UE 由小小区的 CRE 区域服务。如图 6.4 和图 6.5 所示，不管动态 eICIC 机制选择 θ 的最小值还是最大值，动态 eICIC 总速率总是优于静态 eICIC 总速率。在这些图中，动态 eICIC 机制的优点是清晰的。

最后，将得到网络负载允许 ABS 占空比动态变化。如果扩展小小区服务覆

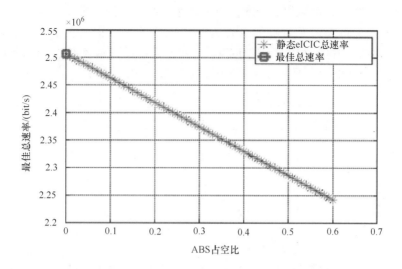

图 6.4　在情景 1 中使用 sLRB 模型比较动态和静态 eICIC 总速率

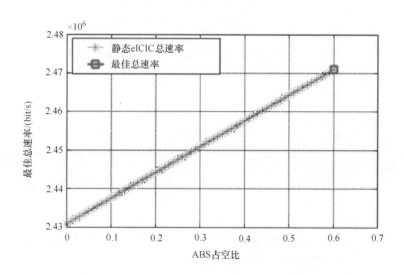

图 6.5　在情景 2 中使用 sLRB 模型比较动态和静态 eICIC 总速率

盖范围，则可以由小小区服务更多的用户。当 CSB 增加时，模拟时会更频繁地选择 ABS 占空比的最大值。随着偏差的增加，更多的 CRE 用户进入小小区，并从 SBS 分配 RB。由于 RB 的数量增加，CRE 用户的平均服务速率也有所增加，如图 6.6 所示。如果 CRE 用户的平均服务速率比其他服务用户的总和还高，则动态 eICIC 机制在模拟中选择最大的 ABS 占空比是最常见的。

　　有 QoS 要求的系统和速率要优于没有 QoS 要求的同一系统。由于式（6.7）

和式（6.8）中的速率限制，PBS 仅为满足速率约束的用户提供服务，并为其分配 RB。由于 QoS 要求和足够的 RB，CSB 不会对系统性能产生负面影响。无论模拟中的移动模型是 sLRB 还是 HotSpot，两个系统的性能都具有相同的趋势和较低的平均阻塞概率，如图 6.7 ~ 图 6.10 所示。

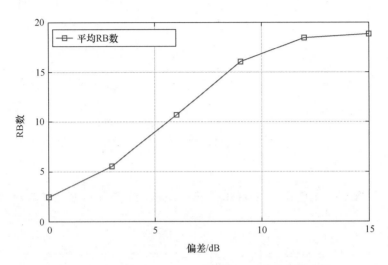

图 6.6　不同偏差与 sLRB 模型中使用的 RB 数的比较

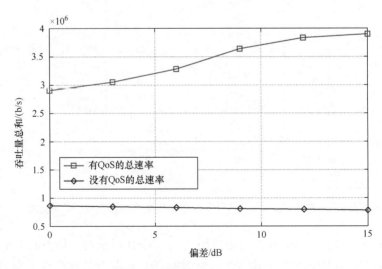

图 6.7　sLRB 模型中有 QoS 要求的和
没有 QoS 要求的用户总速率的比较

除了比较速率性能外，平均用户速率和平均小小区用户速率性能也通过图 6.11 和图 6.12 中的 CDF 曲线来显示。对于 RB 分配，具有 QoS 要求的用户速

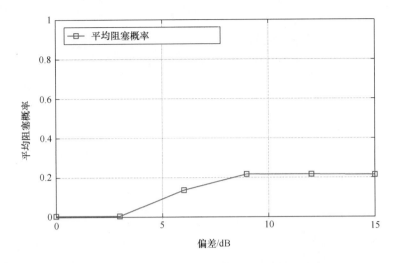

图 6.8　sLRB 模型中具有 QoS 要求的用户阻塞概率

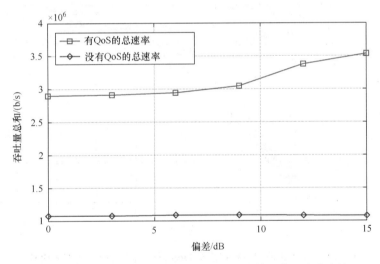

图 6.9　HotSpot 模型中有和没有 QoS 要求的用户总速率比较

率总是优于没有 QoS 要求的用户速率。

　　静态和动态 eICIC 机制的比较在模拟中是至关重要的。详细的实验设置如下，间隔范围为 0～0.6，分为 60 个相等的点。采用与图 6.4 和图 6.5 相同的 CSB 以及两种场景。静态 eICIC ABS 占空比的值由间隔点决定，在实验中有 60 个静态 eICIC 效用数值。效用是一个凸优化，并且在 0～0.6 的间隔中具有最大值。每当动态 eICIC 机制选择 ABS 占空比的值时，它总是获得效用的最大值，如图 6.13 和图 6.14 所示。

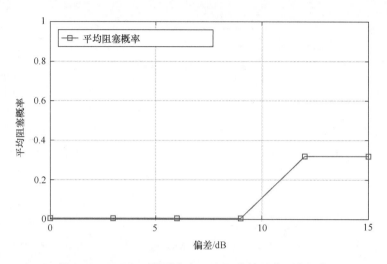

图 6.10　HotSpot 模型中有 QoS 要求的用户阻塞概率

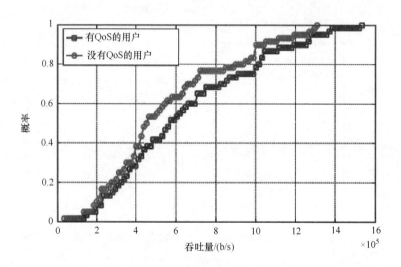

图 6.11　sLRB 模型中有和没有 QoS 要求的平均用户速率的比较

为了量化系统用户之间的公平性，必须采用公平指标。Jain 指数是以前工作中最受欢迎的公平指标之一[29]。它可以写成

$$\text{Jain 指数} = \frac{\left(\sum\limits_{l=1}^{L} R_l \right)^2}{L \cdot \left(\sum\limits_{l=1}^{L} R_l^2 \right)} \tag{6.29}$$

式中，R_l 表示系统中第 l 个用户的服务速率，L 是系统中用户的总数。当单个用

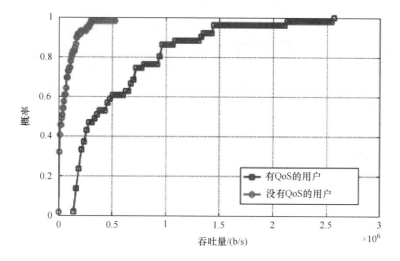

**图 6. 12　sLRB 模型中具有和不具有 QoS
要求的平均小小区用户速率的比较**

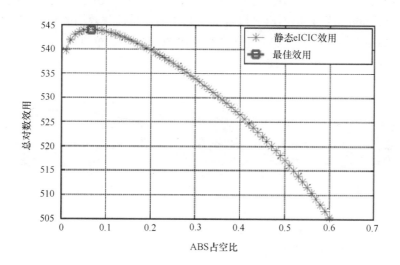

**图 6. 13　在场景 1 中使用 sLRB 模型的
动态和静态 eICIC 效用的比较**

户收到所有资源时，Jain 指数为 $1/L$。相比之下，当系统中的每个用户都提供相同的资源分配时，Jain 指数为 1。最后，修改的总速率效用和修改的总对数效用的比较是至关重要的。在本次评估中，修改后的总速率效用用作吞吐量度量，而修改后的总对数效用用作公平性度量。系统和吞吐量与公平性之间的权衡是一个需要考虑的重要因素。在具有 QoS 要求的系统中，与没有 QoS 要求的系统

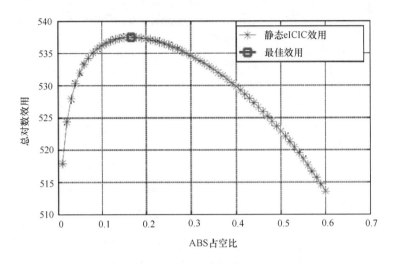

图 6.14　在场景 2 中使用 sLRB 模型的动态和静态 eICIC 效用的比较

相比，修改后的总对数效用的总速率性能更好。然而，由于系统中不同速率的最低要求，Jain 指数表现不再可以接受。修改后的总速率效用的总和性能优于修改后的总对数效用，但修改后的总对数效用的 Jain 指数性能优于修改后的总速率效用，如图 6.15 和图 6.16 所示。

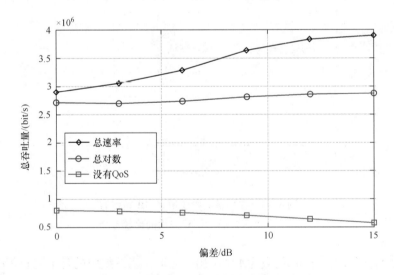

图 6.15　sLRB 模型中修改的总速率效用和修改后
的总对数效用总速率的不同偏差的比较

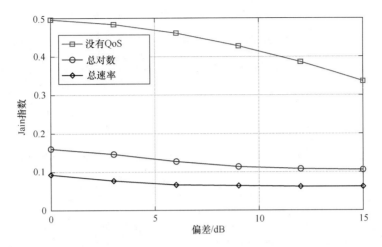

**图 6.16 sLRB 模型中修改的总速率效用和修改后的
总对数效用公平性的不同偏差的比较**

6.5 结论

对于动态干扰协调问题，动态 eICIC 策略是一个有希望的解决方案。本章考虑了 QoS 要求，使得小小区必须解决小区关联问题，以帮助用户更有效地利用系统资源。因此，我们提出了一个共同的动态 eICIC 机制和准入控制方法来处理这个问题。与传统的 eICIC 机制不同，本章所提出的方法不会增加任何回传要求，因为准入控制算法以分布式方式处理准入控制。根据性能评估指标，度量效用可以分为总速率效用和 PF 效用。对于修改的总速率效用，所提出的动态干扰协调策略旨在在 QoS 要求下最大化系统总吞吐量。在修改的 PF 效用中，所提出的干扰协调策略的目标是通过 QoS 要求最大化用户吞吐量的 PF 效用。

在未来的工作中，由于在 3GPP 版本 11 中将采用 FeICIC（Futher e ICIC，进一步的 eICIC）[35]，以减少 UE 接收器中的 CRS（Cell-Specific Reference Signal，小区特定参考信号）干扰，因此需要新的技术来进一步提高系统性能。此外，在 LTE-U（LTE Unlicensed Band，LTE 未许可频段）[36] 中，小小区和 WiFi 的共存被设想为移动宽带网络的未来趋势。

参 考 文 献

[1] Khandekar, A., Bhushan, N., Tingfang, J. and Vanghi, V. (2010) LTE-Advanced: Heterogeneous networks. In *Wireless Conference (EW)*, pp. 978–982, April.
[2] Damnjanovic, A., Montojo, J., Cho, J., Ji, H., Yang, J. and Zong, P. (2012) UE's role in LTE advanced heterogeneous networks. *IEEE Communications Magazine*, **50**(2), 164–176.

[3] Stanze, O. and Weber, A. (2013) Heterogeneous networks with LTE-Advanced technologies. *Bell Labs Technical Journal*, **18**(1), 41–58.

[4] Acharya, J., Gao, L. and Gaur, S. (2014) *Heterogeneous Networks in LTE-Advanced*, John Wiley & Sons.

[5] Damnjanovic, A., Montojo, J., Wei, Y., Ji, T., Luo, T., Vajapeyam, M., Yoo, T., Song, O. and Malladi, D. (2011) A survey on 3GPP heterogeneous networks. *IEEE Wireless Communications Magazine*, **18**(3), 10–21.

[6] Soret, B., Wang, H., Pedersen, K. I. and Rosa, C. (2013) Multicell cooperation for LTE-advanced heterogeneous networks scenarios. *IEEE Wireless Communications*, **20**(1), 27–34.

[7] Kosta, C., Hunt, B., Quddus, A. and Tafazolli, R. (2013) On interference avoidance through inter-cell interference coordination (ICIC) based on OFDMA mobile systems. *IEEE Communication Surveys Tutorials*, **15**(3), 973–995.

[8] Hamza, A., Khalifa, S., Hamza, H. and Elsayed, K. (2013) A survey on inter-cell interference coordination techniques in OFDMA-based cellular networks. *IEEE Communication Surveys Tutorials*, **15**(4), 1642–1670.

[9] Kamel, M. I. and Elsayed, K. (2012) Performance evaluation of a coordination time-domain eICIC framework based on ABSF in heterogeneous LTE-advanced networks. In *Proceedings of IEEE GLOBECOM*, pp. 5548–5553, December.

[10] López-Pérez, D., Güvenç, I., de la Roche, G., Kountouris, M., Quek, T. Q. and Zhang, J. (2011) Enhanced intercell interference coordination challenges in heterogeneous networks. *IEEE Wireless Communications Magazine*, **18**(3), 22–30.

[11] Nasser, N. and Hassanein, H. (2004) Seamless QoS-aware fair handoff in multimedia wireless networks with optimized revenue. *Proceedings of the Electrical and Computer Engineering Conference*, Canada, pp. 1195–1198, May.

[12] Hong, Y., Lee, N. and Clerckx, B. (2010) System level performance evaluation of inter-cell interference coordination schemes for heterogeneous networks in LTE-A system. In *Proceedings of IEEE GLOBECOM*, pp. 690–694, December.

[13] Pang, J., Wang, J., Wang, D., Shen, G., Jiang, Q. and Liu, J. (2012) Optimized time-domain resource partitioning for enhanced inter-cell interference coordination in heterogeneous networks. In *Proceedings of IEEE WCNC*, pp. 1613–1617, April.

[14] Tian, P., Tian, H., Zhu, J., Chen, L. and She, X. (2011) An adaptive bias configuration strategy for range extension in LTE-Advanced heterogeneous networks. In *Proceedings of ICCTA*, pp. 336–340, May.

[15] El-Shaer, H. (2012) *Interference management in LTE-Advanced heterogeneous networks using almost blank subframes*. Master's thesis, KTH Vetenskap OCH Konst, Sweden, March 2012.

[16] Vasudevan, S., Pupala, R. and Sivanesan, K. (2013) Dynamic eICIC – A proactive strategy for improving spectral efficiencies of heterogeneous LTE cellular networks by leveraging user mobility and traffic dynamics. *IEEE Transactions on Wireless Communications*, **12**(10), 4956–4969.

[17] Tall, A., Altman, Z. and Altman, E. (2014) Self organizing strategies for enhanced ICIC (eICIC). In *Proceedings of the 12th International Symposium on Modeling and Optimization in Mobile, Ad Hoc, and Wireless Networks, WiOpt*, pp. 318–325, May.

[18] Soret, B. and Pedersen, K. I. (2015) Centralized and Distributed Solutions for Fast Muting Adaptation in LTE-Advanced HetNets. *IEEE Transactions on Vehicular Technology*, **64**(1), 147–158.

[19] Report ITU-R M.2134 (2008) 'Requirements related to technical performance for IMT-Advanced radio interface(s)'.

[20] Parkvall, S., Furuskar, A. and Dahlman, E. (2011) Evolution of LTE toward IMT-Advanced. *IEEE Communications Magazine*, **49**(2), 84–91.

[21] 3GPP (2014) Technical report TR-36.913 V12.0.0, 'Requirements for further advancements for Evolved Universal Terrestrial Radio Access (E-UTRA) (LTE-Advanced),' September.

[22] Ke, K. W., Tsai, C. N., Wu, H. T. and Hsu, C. H. (2008) Adaptive call admission control with dynamic resource reallocation for cell-based multirate wireless systems. In *Proceedings of the IEEE Vehicular Technology Conference*, pp. 2243–2247, May.

[23] Ross, K. W. and Tsang, D. H. K. (1989) Optimal circuit access policies in an ISDN environment: A Markov decision approach. *IEEE Transactions on Communication*, **37**(9), 934–939.

[24] Bartolini, N. and Chlamtac, I. (2002) Call admission control in wireless multimedia networks. In *Proceedings of the IEEE International Symposium on Personal, Indoor and Mobile Radio Communications (PIMRC)*, pp. 285–289, September.

[25] Le, L. B., Hoang, D. T., Niyato, D., Hossain, E. and Kim, D. I. (2012) Joint load balancing and admission control in OFDMA-based femtocell networks. In *Proceedings of the IEEE International Conference on Communications*, pp. 5135–5139, June.

[26] Hong, X., Xiao, Y., Ni, Q. and Li, T. (2006) A connection-level call admission control using genetic algorithm for multi-class multimedia services in wireless networks. *International Journal of Mobile Communications*, **4**(5), 568–580.

[27] Singh, S., Krishnamurthy, V. and Poor, H. (2002) Integrated voice/data call admission control for wireless DS-CDMA systems. *IEEE Transactions on Signal Processing*, **50**(6), 1483–1495.

[28] Choi, J., Kwon, T., Choi, Y. and Naghshineh, M. (2000) Call admission control for multimedia services in mobile cellular networks: A Markov decision approach. In *Proceedings of the 5th IEEE Symposium on Computers and Communications (ISCC)*, pp. 594–599, July.

[29] Jain, R., Chiu, D.-M. and Hawe, W. (1984) 'A quantitative measure of fairness and discrimination for resource allocation in shared computer systems.' DEC Research Report TR-301.

[30] Tijms, H. C. (2003) *A First Course in Stochastic Models*, John Wiley & Sons.

[31] Puterman, M. L. (2005) *Markov Decision Processes: Discrete Stochastic Dynamic Programming*, Wiley-Interscience.

[32] 3GPP (2012) Technical report TR-36.839 V0.7.1, 'Mobility enhancements in heterogeneous networks,' August.

[33] 3GPP (2010) Technical report TR-36.814 V9.0.0, ``Further advancements for E-UTRA physical layer aspects,' March.

[34] 3GPP (2013) Technical report TR-36.133 V11.7.0, ``Requirements for support of radio resource management,' December.

[35] Soret, B., Wang, Y. and Pedersen, K. I. (2012) CRS interference cancellation in heterogeneous networks for LTE-Advanced downlink. In *Proceedings of the IEEE International Conference on Communications (ICC)*, pp. 6797–6801, June.

[36] Abinader Jr, F. M., Almeida, E. P. L., Chaves, F. S., Cavalcante, A. M., Vieira, R. D. *et al.* (2014) Enabling the coexistence of LTE and Wi-Fi in unlicensed bands. *IEEE Communications Magazine*, **22**(11), 54–61.

第7章

联合优化无线电接入和异构蜂窝网络回传的小区选择

Antonio De Domenico，Valentin Savin 和 Dimitri Ktenas

法国格勒诺布尔，CEA，LETI，MINATEC

7.1 引言

小小区的密集部署是 3GPP LTE 版本 12[1] 中研究的主要议题之一，其目的是满足未来几代无线通信日益增长的数据速率要求。在这种架构中，经典的 MeNB（Macro Base Station，宏基站）用低功耗、低成本节点补充，以扩展蜂窝网络覆盖范围（在室内和室外环境中），并通过缩短移动终端和接入点之间的距离来改善终端用户的体验。

尽管 HetNet 自 3GPP LTE 版本 10 以来已经引起了移动行业的关注，但是小小区仍然需要进一步的增强以实现可靠且节能的操作。过去，研究人员主要致力于通过 eICIC 方案[2] 和 CoMP 发送/接收解决方案[3] 来减轻同频干扰。此外，已经研究了自适应节能机制，通过动态切断不必要的低功率节点来限制轻载周期的总体能耗[4]。

通常，空中接口被认为是可用资源方面的最大限制因素，从而也是无线网络拥塞最重要的原因。这种假设在传统的基于宏小区的网络中是正确的，其中每个小区站点具有相同的回传容量、传输功率和平均负载。然而，在 HetNet 中，这是不正确的，而回传是小小区的主要技术挑战之一。SCeNB（Small-cell Enb，小型基站）将可能部署在街道上方约 3~6m（街道家具和建筑立面），以提高系统覆盖率[5]。然而，在这些位置，安装用于回传或 LOS 的微波链路的固定宽带接入（如光纤链路）可能比较昂贵。因此，在给定的区域中，关于物理设计（有线/无线）、容量、延迟和拓扑结构，不同的小小区将被表征为异构回传连接。联合优化 RAN 和回传网络的解决方案需要为高数据速率无线业务提供无处不在的支持[6]。

在这里，我们研究 HetNet 的回传感知小区选择机制。在当前技术中，UE 选择与最强 RSRP 相关联的 eNB[7]。由于 SCeNB 和 MeNB 之间的功率不平衡，该解决方案可能会阻止 UE 接受最接近的接入节点服务。因此，它导致数据速率有限并增加上行链路干扰，降低用户终端的小区寿命和有限的宏小区卸载。为了解决这些问题，可以使用范围扩展技术，其中将正偏差加到与小小区相关的测量信号的强度上[8]。这种与 eICIC 联合实施的方法可以保护范围扩展的小小区 UE，从而提高公平性和网络容量[9,10]。然而，一些研究表明，通过使用大范围扩展偏差值，太多的 UE 可能与相同的 SCeNB 相关联，这将导致过载问题[10]。最近研究人员研究了联合小区关联和资源分配，以实现 HetNet 中的公平负载平衡[11]。据我们所知，在 RAN 可以被回传网络约束的情况下，还缺乏小区选择的解决方案。考虑到回传的影响，Ferrus 等人提出了一种分析模型来评估 3 种小区选择策略[12]。原书作者已经比较了经典 3G 宏小区网络中最近的小区、无线优先和传输网优先小区的选择策略。但是，它们并没有提供整体的方法来优化网络性能。此外，在研究中也没有考虑资源分配。

　　在本章中，我们将提出联合考虑无线电接入和回传特性的负载感知小区选择机制。首先，在 7.2.1 节中，我们将分析整个网络遍历能力、小区负载、回传约束和资源分配方法之间的关系。在轮询、数据速率公平和最大载波干扰方案的情况下，我们导出用户/小区容量。其次，在第 7.2.2 节中，我们将介绍小区选择问题，并讨论由其组合性质而获得全局最优解的复杂性。再次，在第 7.3 节，我们将提出两个迭代解决方案，名为"演进"和"宽松"，以有限的复杂性来解决小区关联问题。我们在 3GPP LTE-A 网络中分析评估其性能，并讨论提出方案的实施成本。最后，在 7.4 节中，我们通过将它们的性能与仅基于 RSRP 的经典方案和通过 BF（Brute Force，暴力）实现的最佳解决方案进行比较，对所提出的算法进行数值评估。模拟结果表明，"演进"方案实现了近乎最佳的性能，相对于其他方法而言，复杂性有限，产生了非常大的增益。

7.2　系统模型和问题陈述

　　我们考虑用户终端和 eNB 基于 3GPP/LTE 的 DL 规范实现 OFDMA 空中接口的移动无线蜂窝网络[13]。与 3GPP[14] 目前正在研究的小小区增强研究一致，我们的研究重点是 HetNet，其中小小区密集部署并在相对于宏小区的专用载体中操作（见图 7.1）。我们还考虑到存在一个网络控制器，它负责 RAN 和回传功能的联合优化。最后，我们考虑在 SCeNB、控制器、MeNB 和核心网络之间传输信息的非理想回传。

　　在下文中，我们用 U 表示 UE 的集合，用 S 表示在被研究的 HetNet 中提供无线电覆盖的 eNB 的集合。UE 能够由在 F1 上操作的 MeNB 或在 F2 上传送的

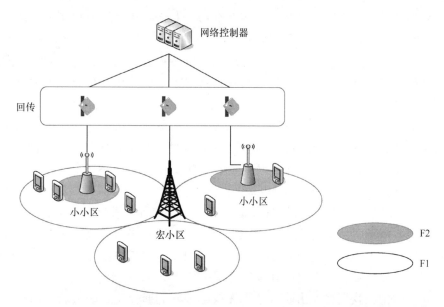

图 7.1　正在研究的异构网络部署，F1 和 F2 分别是宏层和小小区层的载波频率[14]

SCeNB 来服务。在常规网络中，UE 跟踪其 RSRP 高于给定阈值（γ_{th}）的接入节点，并且小区选择机制将每个 UE 与最强 DL 信号相关联的 eNB 连接。根据我们的模型，用户 u 和 eNB 之间的链路质量可以通过平均 SINR 建模为

$$\text{SINR}(u,s) = \frac{P(s)\Gamma(u,s)}{I(u,s)+\sigma^2}$$

$$= \frac{P(s)\Gamma(u,s)}{\sum_{s'\in S\backslash s}P(s')\mu(s',s)\Gamma(u,s')+\sigma^2} \tag{7.1}$$

式中，$P(s)$ 是 s 处的发射功率，如果 s 和 s' 在同一载波中运行，则 $\mu(s',s)$ 等于 1，否则 $\mu(s',s)$ 等于 0，$I(u,s)$ 是在 u 处经历的聚合干扰。此外，σ^2 是加性热噪声功率，$\Gamma(u,s)$ 是无线电链路特性的信道增益，其定义如下：

$$\Gamma(u,s) = \frac{G(u,s)}{L(u,s)\varsigma(u,s)} \tag{7.2}$$

式中，$G(u,s)$ 是天线增益；$L(u,s)$ 是路径损耗；$\varsigma(u,s)$ 是对数正态阴影。

因此，我们进一步指出：

1）具有顶点 U 和 S 的二分图 G，其中只有当 u 位于 s 的覆盖区域时，用户 u 和 eNB 之间才存在边缘；

2）$S(u) = \{s\in S|(u,s)\in G\}$ 为用户 u 的活动集合中的 eNB；

3）$U(s) = \{u\in U|(u,s)\in G\}$ 为位于 s 的覆盖区域中的 UE。

注意，该模型是一般性的，并且可以通过考虑 MeNB 和 SCeNB 的不同 SINR 阈值来进行范围扩展分析。

7.2.1　联合 RAN/BH 容量

尽管 UE 需要最小 SINR 来成功解码控制信道，但 SINR 不提供对网络 QoS 的直观描述。UE 的数据速率取决于与之相关联的服务小区的链路质量；然而，每个 eNB 向多个用户分发有限数量的无线电资源。因此，用户性能也与瞬时小区负载以及被服务的 UE 之间分配资源的方式（调度策略）有关。

最后，如前所述，RAN 可以受到回传容量的约束，特别是在 UE 需要非常高的数据速率要求（如热点）的特征的情况下。在小区选择过程中将这些方面综合考虑可能是复杂的，特别是因为资源分配以比小区关联更快的时间进行。然而，分析网络遍历能力可以提供整体网络性能的约束，并提供优化小区选择过程的关键指标。

为了更好地了解这些关系，我们在本节中介绍一个分析框架，可以在小区负载、回传约束和资源分配策略方面对 HetNet 中可实现的速率进行建模。首先，我们可以定义小区选择过程如下：

定义　小区选择是一个映射 $\alpha: U \to S$，使得 $\alpha(u) \in S(u)$，$\forall u \in U$。另外，$\forall s \in S$，我们定义 $U_\alpha(s) = \{u \in U | \alpha(u) = s\} \subset U(s)$ 为与 s 关联的一组用户。然后，与用户 u 与其服务 eNB $\alpha(u)$ 之间的无线电链路相关的 SE（Spectral Efficiency，频谱效率）是 SINR 的对数函数。

$$\eta(u, \alpha(u)) = \log_2(1 + \mathrm{SINR}(u, \alpha(u))) \tag{7.3}$$

因此，由 eNB $\alpha(u)$ 服务的 UE u 的可实现速率可以表示为

$$C_\alpha(u) = f_{\alpha(u)} B_\alpha(u) \eta(u, \alpha(u)) \tag{7.4}$$

式中，$B_\alpha(u)$ 是分配给 u 的总带宽 B 的一部分，其取决于无线电资源分配策略和 $\alpha(u)$ 处的小区负载。此外，f_j 是归一化因子，使得

$$f_{\alpha(u)} = \begin{cases} 1, & \text{当 } \sum_{u' \in U_\alpha(\alpha(u))} B_\alpha(u') \eta(u', \alpha(u)) \leqslant C^{\mathrm{BH}}(\alpha(u)) \text{ 时} \\ f_{\alpha(u)} \in (0;1), & \text{其他} \end{cases} \tag{7.5}$$

式（7.4）和式（7.5）表示当 eNB $\alpha(u)$ 的 DL 传输受到回传容量 $C^{\mathrm{BH}}(\alpha(u))$ 的约束时，eNB 必须限制可用无线电资源的使用，分配带宽或 SE。在这种情况下，必须满足

$$\sum_{u' \in U_\alpha(\alpha(u))} C_\alpha(u') = C^{\mathrm{BH}}(\alpha(u)) \tag{7.6}$$

通过将式（7.4）代入式（7.6），我们可以计算 $f_{\alpha(u)}$ 为

$$f_{\alpha(u)} = \frac{C^{\mathrm{BH}}(\alpha(u))}{\sum_{u' \in U_\alpha(\alpha(u))} B_\alpha(u') \eta(u', \alpha(u))} \tag{7.7}$$

因此，式（7.4）可以重写为

$$C_\alpha(u) = \begin{cases} B_\alpha(u) \cdot \eta(u,\alpha(u)), & \text{当} \sum_{u' \in U_{\alpha(\alpha(u))}} B_\alpha(u')\eta(u',\alpha(u)) \leqslant C^{\text{BH}}(\alpha(u)) \text{ 时} \\ C^{\text{BH}}(\alpha(u)) \cdot \dfrac{B_\alpha(u)\eta(u,\alpha(u))}{\sum_{u' \in U_{\alpha(\alpha(u))}} B_\alpha(u')\eta(u',\alpha(u))} & \text{其他} \end{cases}$$

(7.8)

最后，给定用户可达到的数据速率，我们将小区容量定义为

$$C_\alpha(s) = \sum_{u \in U_\alpha(s)} C_\alpha(u) \tag{7.9}$$

整体网络容量如下：

$$C(\alpha) = \sum_{s \in S} C_\alpha(s) = \sum_{u \in U} C_\alpha(u) \tag{7.10}$$

为了评估对网络性能的限制并符合当前的 3GPP 研究[14]，在我们的分析中，考虑移动 UE 的全缓冲区流量。然而，该模型可以扩展到其他类型的流量，例如，通过将用户数据速率要求设置为其可实现速率的约束（见式（7.4）和式（7.8））。

1. RR（Round Robin，循环）

令 α 为用户小区关联。假设通过实施 RR 策略，每个 eNB $s(s \in S)$ 在所服务的用户之间平均分享可用带宽

$$B_\alpha(u) = \frac{B}{d_\alpha(s)}, \quad \forall u \in U_\alpha(s)$$

式中，$d_\alpha(s) = |U_\alpha(s)|$ 是与 s 相关联的用户数。注意，通过这种方法，以较高 SE 为特征的 UE 相对于具有较低 SE 的用户将有更大的容量。因此，根据式（7.8），对于任何 $u \in U$，有

$$C_\alpha(u) = \begin{cases} \dfrac{B}{d_\alpha(s)}\eta(u,\alpha(u)), & \text{当} \dfrac{B}{d_\alpha(s)}\sum_{u' \in U_{\alpha(\alpha(u))}} \eta(u',\alpha(u)) \leqslant C^{\text{BH}}(\alpha(u)) \text{ 时} \\ C^{\text{BH}}(\alpha(u)) \dfrac{\eta(u,\alpha(u))}{\sum_{u' \in U_{\alpha(\alpha(u))}} \eta(u',\alpha(u))}, & \text{其他} \end{cases}$$

(7.11)

此外，根据式（7.9），对于任何 $s \in S$，有

$$C_\alpha(s) = \begin{cases} \dfrac{B}{d_\alpha(s)}\sum_{u \in U_\alpha(s)} \eta(u,s) & \text{当} \dfrac{B}{d_\alpha(s)}\sum_{u \in U_\alpha(s)} \eta(u,s) \leqslant C^{\text{BH}}(s) \text{ 时} \\ C^{\text{BH}}(s), & \text{其他} \end{cases}$$

(7.12)

2. DRF（Data Rate Fairness，数据速率公平）

这里我们假设每个 eNB 平均分享服务用户之间的可用容量。因此，$\forall(u, u') \in U_\alpha(s)$，有

$$B_\alpha(u)\eta(u,s) = B_\alpha(u')\eta(u',s)$$

然后应用 $B = \sum_{u' \in U_\alpha(s)} B_\alpha(u')$，我们可以对每个用户分配的带宽建模如下：

$$B_\alpha(u) = \frac{B}{\eta(u,s)\sum_{u' \in U_\alpha(s)}\dfrac{1}{\eta(u',s)}}$$

因此，根据式（7.8），对于任何 $u \in U$，有

$$
C_\alpha(u) =
\begin{cases}
\dfrac{B}{\sum_{u' \in U_\alpha(\alpha(u))}\dfrac{1}{\eta(u',\alpha(u))}}, & \text{当} \dfrac{Bd_\alpha(s)}{\sum_{u' \in U_\alpha(\alpha(u))}\dfrac{1}{\eta(u',\alpha(u))}} \leqslant C^{\mathrm{BH}}(\alpha(u)) \text{ 时} \\[4ex]
\dfrac{C^{\mathrm{BH}}(\alpha(u))}{d_\alpha(s)}, & \text{其他}
\end{cases}
$$

$$(7.13)$$

此外，根据式（7.9），对于任何 $s \in S$，有

$$
C_\alpha(s) =
\begin{cases}
\dfrac{Bd_\alpha(s)}{\sum_{u' \in U_\alpha(s)}\dfrac{1}{\eta(u,s)}}, & \text{当} \dfrac{Bd_\alpha(s)}{\sum_{u' \in U_\alpha(s)}\dfrac{1}{\eta(u,s)}} \leqslant C^{\mathrm{BH}}(\alpha(u)) \text{ 时} \\[4ex]
C^{\mathrm{BH}}(s), & \text{其他}
\end{cases}
$$

$$(7.14)$$

3. MCI（MaxC/I，最大 C/I）

这里我们假设每个 eNB 为具有更高频谱效率特征的那些用户分配更多的带宽。因此，有

$$B_\alpha(u) = B\frac{\eta(u,s)}{\sum_{u' \in U_\alpha(s)}\eta(u',s)}, \forall u \in U_\alpha(s)$$

根据式（7.8），对于任何 $u \in U$，有

$$
C_\alpha(u) =
\begin{cases}
B\dfrac{\eta(u,s)^2}{\sum_{u' \in U_\alpha(\alpha(u))}\eta(u',s)}, & \text{当} B\dfrac{\sum_{u' \in U_\alpha(\alpha(u))}\eta(u',\alpha(u))^2}{\sum_{u' \in U_\alpha(\alpha(u))}\eta(u',\alpha(u))} \leqslant C^{\mathrm{BH}}(\alpha(u)) \text{ 时} \\[4ex]
C^{\mathrm{BH}}(\alpha(u))\dfrac{\eta(u,s)^2}{\sum_{u' \in U_\alpha(\alpha(u))}\eta(u',s)^2} & \text{其他}
\end{cases}
$$

$$(7.15)$$

最后，根据式（7.9），对于任何 $s \in S$，有

$$
C_\alpha(s) =
\begin{cases}
B\dfrac{\sum_{u' \in U_\alpha(s)}\eta(u',s)^2}{\sum_{u' \in U_\alpha(s)}\eta(u',s)}, & \text{当} B\dfrac{\sum_{u' \in U_\alpha(s)}\eta(u',s)^2}{\sum_{u' \in U_\alpha(s)}\eta(u',s)} \leqslant C^{\mathrm{BH}}(s) \text{ 时} \\[4ex]
C^{\mathrm{BH}}(s) & \text{其他}
\end{cases}
$$

$$(7.16)$$

7.2.2　问题陈述

在本节中，我们的目标是找出最大化网络总容量的 UE 和 eNBα^* 之间的关联。优化问题可以简单地表示为

$$\alpha^* = \mathrm{argmax}_\alpha C(\alpha)$$

乍一看，这种组合优化问题可能类似于多重背包问题[15]，即 N 个项目（UE）必须与 M 个背包（eNB）相关联，其中每个项目具有有限的权重（相应的回传链路的容量），以便最大化利润（无线网络的总体容量）。实际上，我们的优化问题比多重背包问题更为普遍，因为 UE 不具有先验权重和利润，但这些值取决于关联本身和资源分配。实际上，对于每个关联 α，根据链路的质量 $(u, \alpha(u))$ 和 $\alpha(u)$ 的资源分配，每个用户 u 会对 $\alpha(u)$ 的权重和总利润 $C(\alpha)$ 有贡献。背包问题是 NP 完成，我们期望我们的优化问题也是如此，尽管这种结果的正式证明超出了这项工作的范围。BF 算法评估所有可能的解决方案，并选择最好的解决方案用于解决简单的组合问题。根据我们的模型，表示所有可行解的集合 V 的大小可以计算为

$$|V| = \prod_{u=1}^{U} |S(u)| \tag{7.17}$$

因此，即使在适度密集的部署情况下，计算和内存成本可能会阻止我们通过使用 BF 找到最佳解决方案。此后，在下一节中，我们将提出并研究了两种迭代算法，其特征在于复杂性有限，旨在通过优化小区选择过程来提高整体网络容量。

7.3　建议解决方案

在本节中，我们提出两种集中式算法，以最接近最优的方式来管理小区选择问题。这些算法需要 eNB 和网络控制器之间的信息交换。在 7.3.3 节中，我们将讨论所提出的方案的实际实现，在第 7.4 节中，我们将通过数值模拟来评估其性能。

7.3.1　演进

第一种算法从给定的小区选择问题的简单解决方案开始，并演变成更有益的关联。在每次迭代时，"演进"计算和评估当前关联中的每个可能的变化，然后选择能够最大增加总体网络容量的策略。当可实现的增益变得小于小的非负值 ε 时，算法在有限次数的迭代之后停止。

（1）初始化步骤

1）令 α 是与每个用户相关联的最先进的用户分配，eNB s 使 $\mathrm{SINR}(u, s)$

最大化，即 $\alpha(u) = \mathrm{argmax}_{s\in S}\mathrm{SINR}(u,\ s)$。

2）对于所有 $s\in S$，根据所使用的调度器计算 $C_{\alpha}(s)$。

3）对于所有 $(u,\ s)\in G$，计算 $X_{\alpha}(u,\ s)$，其测量 eNB 处的新容量，无论我们将用户 u 关联到 s 还是和 s 取消关联。

$$X_{\alpha}(u,s) = \begin{cases} 0, & \text{当 } \alpha(u)=s \text{ 且 } d_{\alpha}(s)=1 \text{ 时} \\ D_{\alpha}(s)^{\ominus u}, & \text{当 } \alpha(u)=s \text{ 且 } d_{\alpha}(s)>1 \text{ 且 } D_{\alpha}(s)^{\ominus u}<C^{\mathrm{BH}}(s) \text{ 时} \\ D_{\alpha}(s)^{\oplus u}, & \text{当 } \alpha(u)\neq s \text{ 且 } D_{\alpha}(s)^{\oplus u}<C^{\mathrm{BH}}(s) \text{ 时} \\ C^{\mathrm{BH}}(s), & \text{其他} \end{cases}$$

与不同的资源分配策略相关的 $D_{\alpha}(s)^{\ominus u}$ 和 $D_{\alpha}(s)^{\oplus u}$ 见表 7.1。

4）对于所有 $(u,\ s)\in G$，由于用户 u 从 eNB $\alpha(u)$ 到 eNB 的可能 s 重新分配，计算增益 $\Delta_{\alpha}(u,\ s)$

$$\Delta_{\alpha}(u,s) = \begin{cases} X_{\alpha}(u,s)+X_{\alpha}(u,\alpha(u))-C_{\alpha}(s)-C_{\alpha}(\alpha(u)), & \text{当 } \alpha(u)\neq s \text{ 时} \\ 0, & \text{其他} \end{cases}$$

表 7.1　与不同的资源分配策略相关的 $D_{\alpha}(s)^{\ominus u}$ 和 $D_{\alpha}(s)^{\oplus u}$

	RR	DRF	MCI
$D_{\alpha}(s)^{\ominus u}$	$\dfrac{B}{d_{\alpha}(s)-1}\displaystyle\sum_{u'\in U_{\alpha}(s)\setminus u}\eta(u',s)$	$\dfrac{B(d_{\alpha}(s)-1)}{\displaystyle\sum_{u'\in U_{\alpha}(s)\setminus u}\dfrac{1}{\eta(u',s)}}$	$B\dfrac{\displaystyle\sum_{u'\in U_{\alpha}(s)\setminus u}\eta(u',s)^2}{\displaystyle\sum_{u'\in U_{\alpha}(s)\setminus u}\eta(u',s)}$
$D_{\alpha}(s)^{\oplus u}$	$\dfrac{B}{d_{\alpha}(s)+1}\displaystyle\sum_{u'\in U_{\alpha}(s)\cup u}\eta(u',s)$	$\dfrac{B(d_{\alpha}(s)+1)}{\displaystyle\sum_{u'\in U_{\alpha}(s)\cup u}\dfrac{1}{\eta(u',s)}}$	$B\dfrac{\displaystyle\sum_{u'\in U_{\alpha}(s)\cup u}\eta(u',s)^2}{\displaystyle\sum_{u'\in U_{\alpha}(s)\cup u}\eta(u',s)}$

（2）单用户重新分配步骤

1）找到 $(u_0,\ s_0) = \mathrm{argmax}_{(u,s)\in G}\Delta_{\alpha}(u,\ s)$

注意 $\Delta_{\alpha}(u,\ s)\geqslant 0$，因为 $\Delta_{\alpha}(u,\ \alpha(u))=0$，$\forall u\in U$。

2）如果 $\Delta_{\alpha}(u_0,\ s_0)\leqslant\epsilon$，则退出（该算法输出当前用户分配 α）。

3）定义 $s_* = \alpha(u_0)(s_*\neq s_0)$。

4）通过以下方式定义新的用户分配 α_0：

$$\alpha_0(u) = \begin{cases} \alpha(u), & \text{当 } u\neq u_0 \text{ 时} \\ s_0, & \text{当 } u=u_0 \text{ 时} \end{cases}$$

（3）测量更新步骤

对于所有 $s\in S$

$$C_{\alpha_0}(s) = \begin{cases} C_{\alpha}(s) & \text{当 } s\neq s_* \text{ 且 } s\neq s_0 \\ X_{\alpha}(u,s) & \text{当 } s=s_* \text{ 或 } s\neq s_0 \end{cases}$$

1）设置 $X_{\alpha_0}(u,\ s) = X_{\alpha}(u,\ s)$，对于所有 $s\in S\setminus\{s_*,\ s_0\}$ 和 $u\in U(s)$；对于 $s\in\{s_*,\ s_0\}$ 和 $u\in U(s)$，计算 $X_{\alpha_0}(u,\ s)$。

2）设置 $\Delta_{\alpha_0}(u, s) = \Delta_{\alpha}(u, s)$，对于所有的 $s \in S \backslash \{s_*, s_0\}$ 和 $u \in U(s)$；对于 $s \in \{s_*, s_0\}$ 和 $u \in U(s)$，计算 $\Delta_{\alpha_0}(u, s)$。

3）设置 $\alpha = \alpha_0$，回到第（2）步。

所提出的回传感知小区选择框架如图 7.2 所示。

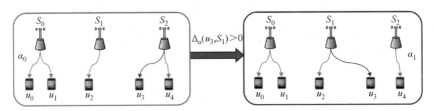

图 7.2　管理用户 eNB 关联的"演进"范例

命题　在"演进"方案中，$C(\alpha)$ 的值将在每次新的迭代中得到改善。因此，当不再可能通过一个用户新的重新分配来改善 $C(\alpha)$ 的值时，算法收敛。

证明　可能经过几次迭代后，令 α 为当前用户分配，令 α_0 为步骤（2）计算出新的重新分配。然后

$$C(\alpha_0) - C(\alpha) = \sum_{s \in S} C_{\alpha_0}(s) - \sum_{s \in S} C_{\alpha}(s) = C_{\alpha_0}(s_*) + C_{\alpha_0}(s_0) - C_{\alpha}(s_*) - C_{\alpha}(s_0)$$
$$= X_{\alpha}(u_0, s_*) + X_{\alpha}(u_0, s_0) - C_{\alpha}(s_*) - C_{\alpha}(s_0) = \Delta_{\alpha}(u_0, s_0) \geqslant \epsilon$$

特别地，"演进"方案可以保证至少与基于 SINR 的方法性能相同。

所提出的算法可以通过网格和维特比算法进一步分析。让我们考虑状态节点和转换定义如下的网格：

1）在时间 $t = 0$ 有一个单一状态节点，对应于一些用户分配 α。根据定义，α 的权重为 $C(\alpha)$。

2）在时间 $t + 1$ 的状态节点，对应于分配 α''，分配 α'' 和最多一个用户的时间 t 的一些分配 α' 不同。从 α' 到 α'' 的转变具有的权重为 $C(\alpha'') - C(\alpha')$。

3）我们将进一步假设网格的深度等于用户数量。

因此，可以通过确定网格中的最大权重路径来找到最佳分配 α^*（最大化 $C(\alpha)$），这可以通过使用维特比算法来实现。所提出的算法探讨了网格中路径减少的数量，作为解决方案复杂性和最优性之间的折中。

7.3.2　宽松

第二个提出的算法首先放宽了强制每个 UE 选择单个 eNB 的约束。我们考虑第 7.2 节中定义的二分图 G。该图包含关联问题所有可能的解决方案（见图 7.3）。"宽松"方案在每次迭代时，首先评估图中存在的每个边的值（在网络容量的意义上）；第二，找到并消除不太有价值的连接的边缘；第三，更新剩余边的值。最后，算法到达可接受的解决方案时，其中每个 UE 仅与一个 eNB 相

关联。

令 U' 是在至少两个 eNB 覆盖区域中的 UE 的集合，并且令 G' 是由 U 引起的 G 的子图。我们用 $d_G(s)$ 表示事件到 s 的边的数量。注意，"宽松"算法通过迭代地去除边缘来修改图 G，直到每个 UE 连接到单个 eNB。每次从 G 中移除一个边，我们也假设相应地更新了 $d_G(s)$、U' 和 G'。

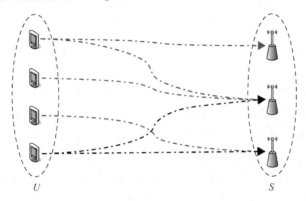

图 7.3　用于模拟小区关联问题的二分图 G

（1）初始化步骤

1）对于所有的 $u' \in U'$，$s \in S(u')$，

①计算 XG(u', s)，当我们取消用户 u' 的关联时，它测量 eNB 处的新容量

$$X_G(u',s) = \begin{cases} 0, & \text{当 } d_G(s)=1 \text{ 时} \\ D_\alpha(s)^{\ominus u'}, & \text{当 } d_G(s)>1 \text{ 且 } D_\alpha(s)^{\ominus u'} < C^{BH}(s) \text{ 时} \\ C^{BH}(s), \text{其他} \end{cases}$$

式中，$D_\alpha(s)^{£u'}$ 在表 7.1 中被定义，$d_\alpha(s)$ 和 $U_\alpha(s)$ 分别被 $d_G(s)$ 和 $U(s)$ 替代。

②设置 $(u',s) = C(s) - X_G(u',s)$，其中 $C(s)$ 是根据使用的调度程序（式（7.12）、式（7.14）和式（7.16））计算的 eNB 的容量。

（2）边缘消除步骤

1）如果 U' 为空，则退出。

2）找到 $(u_0, s_0) = \mathrm{argmin}_{(u',s) \in G'} V(u', s)$。

（3）测量更新步骤

1）从 G 上移除边缘 (u_0, s_0)（注意 U' 和 G' 相应更新）。

2）更新 $C(s_0)$。

3）对于任何 $u' \in U'(s_0)$，更新 $X_G(u', s_0)$ 和 $V(u', s_0)$，然后转到步骤（2）。

当"宽松"方案停止时，每个用户 u 与唯一的 eNB 相关联，例如 s_u。对于

所有 $u \in U$，我们通过 $\alpha(u) = s_u$ 定义用户关联。重要的是强调该方法不能保证每次迭代时整体网络容量都会得到改善。然而，"宽松"方案的特征在于固定的迭代次数，由下式给出：

$$I = \sum_{u \in U} (\,|S(u)|-1\,)$$

这会使其相对于 BF 算法的收敛更快（见式（7.17））。例如，在图 7.3 描述的示例中，因为必须从图中去除两个边，所以提出的算法在两次迭代之后停止。

7.3.3 拟议算法的实际实施

从系统层面的角度来看，我们的算法完全基于已经标准化的接口、功能和信息，导致其复杂性有限。演进和宽松可以通过 MLB（Mobility Load Balancing，移动性负载平衡）功能实现，MLB 功能已经在 SON 框架中定义，以通过协调的流量转向提高 LTE 性能[16]。MLB 基于通过 X2 接口交换相邻小区之间的负载水平和可用容量的信息。基于这些报告，给定的算法（如演进）决定了 UE 和 eNB 之间的瞬时最优关联。

根据算法的输出，执行小区重选和切换功能，以将空闲和连接的 UE 移动到目标 eNB。为了降低复杂性和系统开销，请求报告的周期只能在 1 ~ 10s 的范围内[17]。因此，如果只要求平均测量，并且在延迟方面没有严格的限制，则移动性、小区负载和信道条件的快速适应（毫秒级别）是不可行的。此外，在本章中，我们建议集中执行 MLB 和相关算法，以减少信令开销，并允许更有效地使用可用资源。图 7.4 所示为所提出的算法所需的消息传递。该过程通过当前过

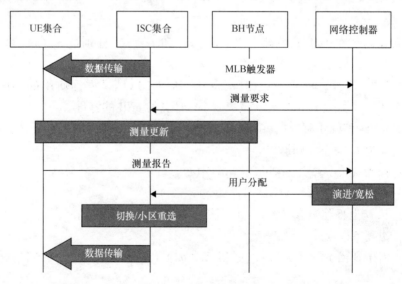

图 7.4　所提出的算法中所需的消息传递

载的 eNB 发送到网络控制器的 MLB 触发器。然后，控制器从过载的 eNB 及其相邻 eNB 对有经验负载的测量、在无线电链路上测量的 SINR、回传容量等进行请求。通过使用所接收的输入，可以实现所提出的算法，并可以将最佳关联传送到要执行的 eNB 集合。为了能够成功地实现所提出的方法，限制额外的计算复杂度也是同样重要的。这个成本与我们的算法收敛所需的迭代次数有关。在7.3.1 节和 7.3.2 节中，我们已经看到两种提出的算法都在有限的迭代中收敛。然而，我们不能先计算演进所需的迭代次数。当需要非常低的复杂性时，可以调整停止参数 ε（参见 7.3.1 节中的步骤（2），以降低性能的代价来降低演进的复杂性。在下一节中，我们将通过数值结果来显示，我们的方法在现实情况下需要有限次数的迭代。

7.4 模拟结果

在本节中，我们比较通过 BF 算法以及每个 UE 选择与最强 RSRP 相关联的 eNB 的经典方法获得的最佳解决方案的性能，来评估所提出的演进和宽松算法的有效性。这里我们假设 SCeNB 形成位于宏小区内的 3×3 网格；此外，总体 UE 中的 2/3 分布在小小区网格内，其余的 UE 均匀地位于宏小区区域[14]。主要模拟参数详见表 7.2。

将结果在 103 次独立运行中进行平均。在每次运行开始时，SCeNB 和 UE 的簇被随机地部署在宏小区区域中。在我们的模拟中，eNB 活跃集合中与大于 γ_{th} 的 SINR 相关联的 UE 等于 -3dB，并且停止参数 ε 等于 0。如在 7.2.1 节中已经提到的，我们考虑移动 UE 处的全缓冲器流量。最后，用户 SE 上限限于 12bit/s/Hz（η_{max}），以便公平评估 RAN 和回传对整体网络性能的影响。

表 7.2 主要模拟参数

参　　数	值	参　　数	值
蜂窝布局	六角网格	载波频率	2.0GHz（宏小区） 3.5GHz（小小区）
站间距离	500m	载波带宽	10.0MHz
宏站点	19	MeNBTx 功率	46dBm
宏扇区/站点	3	MeNB 最大天线增益	13dBi
SCeNB/宏扇区	9	SCeNB Tx 功率	30dBm
UE 掉线	集群内 2/3 的 UE	SCeNB 天线增益	5dBi
SC-UE 最小距离	10m	MeNB 天线模式	2D 三扇区
MeNB-UE 最小距离	35m	SC 天线模式	全向
MeNB-SC 最小距离	75m	阴影分布	对数

（续）

参　数	值	参　数	值
SC-SC 距离	40m	宏/SCLOS 概率	见表 A. 2. 1. 1. 2-3[18]
宏小区路径损耗	ITU Uma（见表 B. 1. 2. 1-1[18]）	小小区路径损耗	ITU Umi（见表 B. 1. 2. 1-1[18]）
用于 DL 数据传输的回传容量	40/80/120Mbit/s	热噪声密度	$N_0 = -174\mathrm{dBm/Hz}$

首先，我们的目标是评估演进、宽松和基于 SINR 的算法在最优解中的性能。由于 BF 算法的复杂度高，因此我们考虑一个光部署场景，它由 MeNB、9 个小小区的集群和位于中央宏小区站点的 20 个 UE 组成。然而，位于周围站点的 eNB 仅用于建立小区间干扰。图 7.5 所示为使用 MCI 调度策略实现的针对不同回传约束的网络容量 $C(\alpha)$ 的 CDF。分别使用空心正方形、空心圆、实心圆和实心正方形对应于基于 SINR、"宽松"方案、"演进"方案和最优解。此外，点划线、虚线和点线对应于低、中和高回传容量（即 C^{BH} 等于 40/80/120Mbit/s）。

请注意，在第一种情况下，回传可能是网络性能的主要限制（见图 7.5a）；因此，仅考虑无线电链路质量的经典的基于 SINR 方法的特点是性能不佳的。然而，回传容量越高，对总容量的影响越小。当 C^{BH} 设置为等于最大可实现的 RAN 容量（$B\eta_{\max} = 120\mathrm{Mbit/s}$）时，只有无线链路质量和网络负载限制性能。因此，基于 SINR 的方法实现了更有价值的性能，可以获得高达 133% 的增益。宽松算法有助于在低回传容量情景下改进基于经典 SINR 的方案所实现的性能，我们的模拟显示以 CDF 中值测量的增益为 97%（见图 7.5a）。然而，增加回传容量并不会导致"宽松"方案显示出进一步的显著增益。这个缺点主要是由于两个原因：首先，这种方法是基于"宽松"方案强制每个 UE 仅由一个 eNB 服务的约束；然而，这可能导致从最优解决方案偏离。其次，"宽松"方案不能保证在迭代过程中提高网络容量。相反，我们注意到，演进具有与最佳解决方案相同的性能（填充圆形和填充正方形图叠加），并且相对于经典的基于 SINR 的方案和"宽松"方案，获得高达 132% 和 100% 的增益。所提出方案的负载和回传感知属性能更好地平衡网络上的服务请求，并增加总体资源利用率，产生基于 SINR 算法的增益。

在下文中，为了研究一个更现实的情况，我们考虑一个密集的小小区部署，其中一个 MeNB、一个 SCeNB 簇和 30 个 UE 位于每个宏小区扇区中（见图 7.6）。图 7.7 分别通过使用经典的基于 SINR 的方案（见图 7.7a）和所提出的"演进"方案（见图 7.7b）显示所得关联模式。在这个例子中，Cbk 设置为 40Mbit/s，我们使用一个 MCI 调度器。模拟表明，演进通过将部分流量从高负载的 MeNB 移动到周围的轻载 SCeNB 来增加宏小区卸载。此外，我们可以看到，在

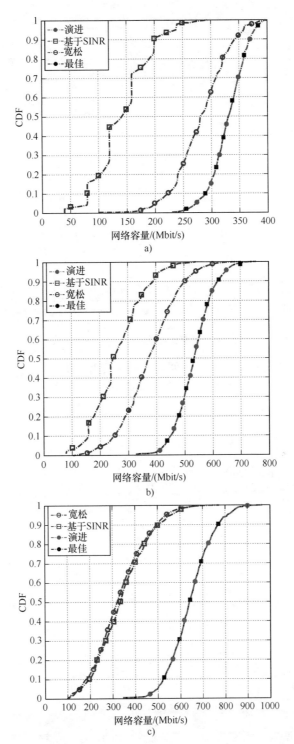

图 7.5　使用不同关联方案实现的关于回传容量的网络容量累积分布函数

a）$C^{BH} = 40\text{Mbit/s}$　b）$C^{BH} = 80\text{Mbit/s}$　c）$C^{BH} = 120\text{Mbit/s}$

129

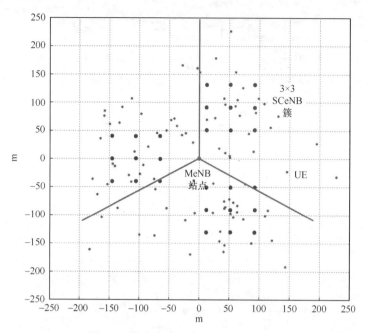

图 7.6   中央宏小区中 3×3 SCeNB 簇

图 7.7a 中，12/27 SCeNB（相关的回传设施）是空闲的，因为它们不与任何 UE 相关联；相比之下，在图 7.7b 中，所有的小小区都是活动的，这导致更高的资源利用率和网络容量的提高。

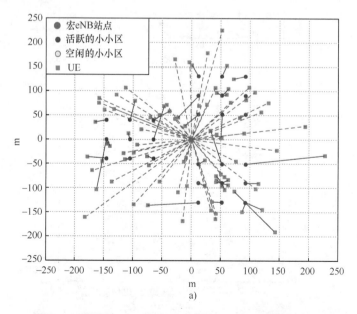

图 7.7   当使用 a）下行链路信号和 b）聚合网络负载的
强度作为关联度量时的关联模式

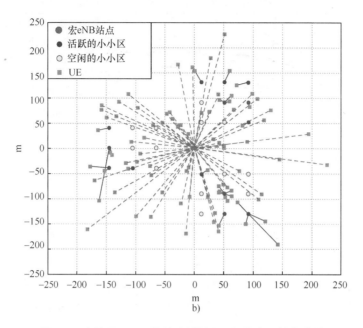

图 7.7　当使用 a）下行链路信号和 b）聚合网络负载的
强度作为关联度量时的关联模式（续）

接下来，我们评估所提出的演进对于不同的资源分配策略所实现的性能，并且我们评估与不同回传约束相关的迭代过程的长度。在图 7.8 中，结果显示了 3 扇区宏小区平均容量的演变。实心圆、正方形和空心圆标记线分别对应于 MCI、RR 和 DRF 策略。此外，实线、虚线和点画线分别对应于低、中和高回传容量。"演进"方案从基于 SINR 算法（即其第一次迭代）发现的关联开始，并且迭代地将网络性能提升到最优解，这将导致在所研究的场景中（至少）40% 的增益。

如预期的那样，模拟结果表明，MCI 策略在 RR 和 DRF 算法方面实现了更高的网络容量。事实上，MCI 通过将资源分配给以更好的链路质量为特征的 UE 来更好地利用多用户分集。相比之下，在 DRF 策略中，所有 UE 都实现相同的数据速率。

我们的模拟还表明，所提出的演进在有限次数的迭代之后收敛，从而降低了延迟和计算成本。当回传的特点是低容量时，与系统遍历能力的提高相关的可能的解决方案很少；因此，该方案仅在 17 次迭代中达到收敛。然而，当回传的特征在于更高的容量时，增强解决方案的数量增加，并且演进在 32 次迭代中收敛。请注意，在这样一个密集的部署场景中，我们已经测量出宽松需要超过 100 次迭代来收敛。

以前的模拟显示，演进在实现与最优解相同性能的同时，限制了整体的延迟和复杂性。然而，演进可以阻止 UE 选择与最佳 RSRP 相关联的 eNB。因此，我们可以预期，这种方法将增加由于上行链路传输而导致的能量消耗，并减少移动终端寿命。

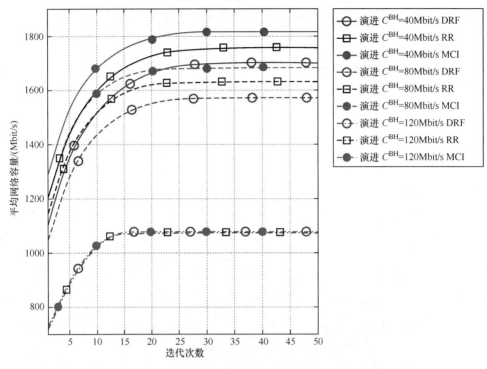

图7.8 和不同回传约束和资源分配策略有关的"演进"方案的收敛

因此，在下文中，我们的目的是研究所提出的演进对上行辐射功率的影响。在上行链路传输中的 UE 使用分数功率控制来减轻小区间干扰，发射功率可以被评估为

$$P_{UE} = \min(P_{\max}, P_0 + 10\lg M + \lambda L)\left[\,dBm\,\right] \tag{7.18}$$

式中，$P_{\max}$ 是最人发射功率（23dBm）；P_0 是 UE 特定参数（ -78dBm），M 是分配到 UE 的物理资源块的数量（这里设置为 6）；λ 是小区特定路径损耗补偿因子（0.8），L 是使用控制信道在 UE 处测量的下行链路路径损耗。因此，小区选择通过改变 L 参数的值来影响上行功率，并且选择的 eNB 越远，功率越高。

图 7.9 所示为当使用与不同的回传约束相关的 MCI 策略时，与演进（由实心圆表示的图）和基于 SINR 算法（由空心正方形表示的图）相关联的 P_{UE} 的 CDF。首先，我们可以看到，实际的功耗远低于最大发射功率 $P_{\max}$（200mW）。事实上，密集的小区部署使得位于宏小区边缘的 UE 能够连接到附近的 SCeNB 而不是远距离的 MeNB。其次，模拟结果表明，所研究的算法要求相同的上行辐射功率，并且在使用所提出的"演进"方案时，很少的 UE 的辐射功率增加也很小（见图 7.9c）。这种功率增加主要是由于 UE 从附近的高负载 SCeNB 到更远的轻载 SCeNB 的切换。然而，当回传容量是主要约束（见图 7.9a）时，大量的 UE 从 MeNB 切换到更接近的 SCeNB，这降低了能量消耗。

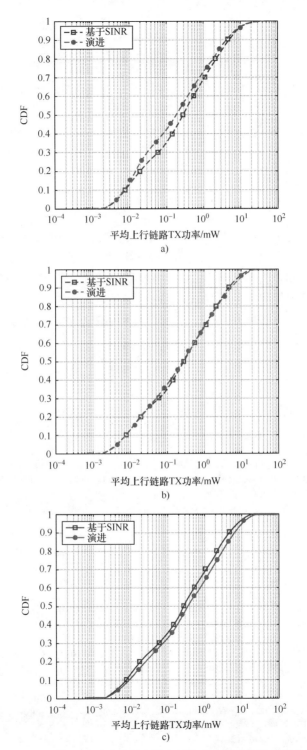

图 7.9　具有不同回传约束的 UE 的上行链路传输功率累积分布函数

a)　$C^{BH} = 40 \text{Mbit/s MCI}$　b)$C^{BH} = 80 \text{Mbit/s MCI}$　c)$C^{BH} = \text{Mbit/s MCI}$

133

7.5 结论

小小区的密集部署是一种支持技术，用于处理未来几代无线网络所需的高数据速率要求。在这种情况下，将使用异构回传解决方案将小小区与核心网络相连接，并且必须将接入和回传联合优化，以有效利用可用资源。到目前为止，小区选择仅基于无线电链路的质量，这可能限制宏小区卸载，并导致具有容量限制回传的小区的负载拥塞。

因此，在本章中，我们提出以一种共同考虑到小区负载和回传约束的方法来替代基于经典 SINR 的关联标准。因此，我们模拟了小区负载、回传约束和资源分配在小区选择问题中的作用。最后，我们提出了两种迭代算法，称为演进和宽松，它们根据所提出的方法将 UE 和 eNB 相关联。已经证明演进以有限数量的迭代收敛到近似最优解，并且模拟结果表明，相对于基于经典 SINR 的算法，即使在回传没有限制网络容量的情况下，它也能显著地改进系统。进一步的研究将通过引入合作传输来扩展我们的探讨，并使每个 UE 能够同时连接到多个 eNB。

参 考 文 献

[1] Hoymann, C., Larsson, D., Koorapaty, H. and Cheng, J.-F. (2013) A Lean Carrier for LTE. *IEEE Communications Magazine*, **51**(2), 74–80.

[2] Lopez-Perez, D., Güvenç, S., De La Roche, G., Kountouris, M. and Quek, T. Q. S. (2011) Enhanced intercell interference coordination challenges in heterogeneous networks. *IEEE Wireless Communications*, **18**(3), 22–30.

[3] Sun, S., Gao, Q., Peng, Y., Wang, Y. and Song, L. (2013) Interference management through CoMP in 3GPP LTE advanced networks. *IEEE Wireless Communications*, **20**(1), 59–66.

[4] 3GPP TSG RAN (2012) TR 36.927, 'Potential solutions for energy saving for E-UTRAN (Release 11),' v11.0.0, September.

[5] Next Generation Mobile Networks (NGMN) Alliance (2012) 'Small Cell Backhaul Requirements,' Backhaul Evolution, June.

[6] Rost, P., Bernardos, C. J., De Domenico, A., Di Girolamo, M., Lalam, M. *et al.* (2014) Cloud Technologies for Flexible 5G Radio Access Networks. *IEEE Communications Magazine*, **52**(5), 68–76.

[7] Parkvall, S., Dahlman, E., Ongren, G. J., Landstrom, S. and Lindbom, L. (2011) Heterogeneous network deployments in LTE. *Ericsson Review*, **2**.

[8] Madan, R., Borran, J., Sampath, A., Bhushan, N., Khandekar, A. and Ji, T. (2010) Cell Association and Interference Coordination in Heterogeneous LTE-A Cellular Networks. *IEEE Journal on Selected Areas in Communications*, **28**(9), 1479–1489.

[9] Guvenc, I. (2011) Capacity and Fairness Analysis of Heterogeneous Networks with Range Expansion and Interference Coordination. *IEEE Communications Letters*, **15**(10), 1084–1087.

[10] Lopez-Perez, D., Chu, X. and Guvenc, I. (2012) On the Expanded Region of Picocells in Heterogeneous Networks. *IEEE Journal on Selected Topics in Signal Processing*, **6**(3), 281–294.

[11] Ye, Q., Rong, B., Chen, Y., Al-Shalash, M., Caramanis, C. and Andrews, J. G. (2013) User Association for Load Balancing in Heterogeneous Cellular Networks. *IEEE Transactions on Wireless Communications*, **12**(6), 2706–2716.

[12] Olmos, J., Ferrus, R. and Galeana-Zapien, H. (2013) Analytical modeling and performance evaluation of cell selection algorithms for mobile networks with backhaul capacity constraints. *IEEE Transactions on Wireless Communications*, **12**(12), 6011–6023.

[13] 3GPP TSG RAN (2006) TR 25.814, 'Physical Layer Aspects for Evolved UTRA (Release 7),' v7.1.0, September.

[14] 3GPP TSG RAN (2013) TR 36.932, 'Scenarios and requirements for small cell enhancements for E-UTRA and E-UTRAN (Release 12),' V12.1.0, March.

[15] Pisinger, D. (1995) *Algorithms for knapsack problems*, PhD dissertation, University of Copenhagen.

[16] Feng, S. and Seidel, E. (2008) *Self-organizing networks (SON) in 3GPP long term evolution*. Nomor Research GmbH, white paper.

[17] Nohrborg, M. (n.d.) 'Self-Organizing Networks.' Available at: http://www.3gpp.org/technologies/keywords-acronyms/105-son.

[18] 3GPP TSG RAN (2010) TR 36.814, 'Evolved Universal Terrestrial Radio Access (E-UTRA); Further advancements for E-UTRA physical layer aspects (Release 9),' V9.0.0, March.

[19] Guvenc, I., Moo-Ryong, J., Demirdogen, I., Kecicioglu, B. and Watanabe, F. (2011) Range expansion and inter-cell interference coordination (ICIC) for picocell networks. In *Proceedings of the IEEE Vehicular Technology Conference*, San Francisco, pp. 1–6, September.

第8章

用于高速无线回传的多频段和多信道聚合：挑战和解决方案

Xiaojing Huang

澳大利亚悉尼科技大学电气与计算机工程系

8.1 引言

在蜂窝和无线宽带网络中，回传是基站和相关联的交换节点之间的通信链路（有线和/或无线）。有时，若干基站可以经由枢纽站连接到交换节点，其中每个基站具有至少一个到枢纽站的回传链路。回传还可以指连接分布式站点和集中点的其他高速传输链路和网络，如网络骨干、企业连接、光纤扩展等。

由于支持高速宽带服务所需的容量不断增加，回传网络面临着巨大的压力[1-3]。许多挑战面临这样的回传，其中最重要的一个是如何实现更高的数据速率或容量，达到每秒千兆比特（Gbit/s）。例如，如果无线接入基站中的小区（或扇区）的容量为 1Gbit/s，则 3 扇区基站所需的回传容量将至少为 3Gbit/s。有时来自多个基站的流量将在到达核心网络之前聚合。这将使回传容量提高到更高的速率，如 10～15Gbit/s。第二个挑战是回传的链接距离。为了向未经确认的地区提供宽带服务，如农村和区域地区，这些地区往往远离主要的电信基础设施，则需要一个长途回传链路。第三个挑战是如何在回传网络间实现终端用户间的低延迟通信。虽然低延迟对于在宽带网络中提供高质量的语音、视频和数据服务来说一直很重要，但是诸如游戏和金融等许多行业的应用需求已经将低延迟的重要性带到了电信行业的前沿。

光纤是提供租用的同步数字业务和以太网业务的主要媒介。是从 155Mbit/s～10Gbit/s 容量的高数据速率回传的首选。然而，由于高昂的安装费用，例如挖掘要敷设光纤的沟槽，因此光纤是一种更昂贵的 CAPEX 选项。据估计，租用线路目前约占 OPEX 的 15%。相比之下，无线回传比租用的 T1/E1、DS3 或 OC-3 线路更具成本效益。除了所有权的经济利益之外，无线回传还允许服务提供商保留对其数据端到端的控制，并获得与完全控制自己的网络相关的安全性、稳定性和自由度。对于人口较少的农村地区，敷设光纤的成本可能令人望而却步，无线回传将是唯一可行的解决方案。另外，由于无线电通过光纤传播比光线更快，因此无线回传可以实现比光纤更低的延迟。对于提供航天器之间或航天飞机与基站之间的通信链路的骨干通信网络，无线回传可以通过长距离和高可用性的云传播。

因此，如果无线回传可以实现与光纤容量相当的千兆位数据速率，那么它将成为城市中替代光纤的具有成本效益的解决方案，也是向偏远地区提供宽带服务的非常有吸引力的提议[4]。它也可以作为或用于各种低延迟应用的超低延迟网络的一部分。

然而，开发无线回传链路存在一些重大的技术挑战。第一个挑战是如何实现所需的数据速率。无线回传可以在微波频段或毫米波频段上工作。在微波频率下，RF 频段通常只有大约 200MHz 带宽，频段中的许多信道可能已经被一些现有业务占用。由于每个微波信道的带宽是窄的（7～80MHz），因此即使使用某些智能信道绑定和聚合技术，几乎也不可能在微波频段中开发一个千兆位链路。对于每个上下频段中具有 5GHz 连续带宽的 E 波段（71～76GHz 和 81～86GHz）的毫米波频段无线链路，数据速率可能更高。

目前，商业 E 波段无线链路只能提供 1.25Gbit/s 的数据速率，并采用低频、双态调制，例如具有低频谱效率的 ASK（Ampitude Shift Keying，幅移键控）或 PSK（Binary Phase Shift Keying，二进制相移键控）。使用高阶调制来提高电子波段系统的数据速率和频谱效率近年来引起了研究界和行业的极大兴趣。例如，多伦多大学 2010 年 10 月报道了直接 QPSK SiGe BiCMOS 收发器。这可以用于在 5GHz 带宽上实现近 10Gbit/s 的 E 波段链路[5]。2012 年 10 月华为宣布推出其第二代 E 波段回传系统，在两个 250MHz 信道上使用 64QAM，数据速率高达 2.5Gbit/s[6]。

在 E 波段同时实现高数据速率和高频谱效率需要在全 5GHz 频谱上使用高阶调制，这仍然是一个重要的技术挑战。在实现高阶调制方面，数字调制解调器应在可编程信号处理设备（如 ASIC 或 FPGA）中实现。然而，可以应付具有足够性能的大带宽的数字处理器和混合信号装置还没有出现或者是非常昂贵的。模拟电路可以应用于更宽的带宽，但是组件容差、制造波动和其他实际损伤将调制限制在非常低的水平，例如 QPSK。另外还有一些高阶调制的系统处理，包括系统复杂性、设计和生产成本、降低接收器灵敏度和降低功耗。发射功率和接收器灵敏度的降低也将影响链路距离。

第二个挑战是链路距离。微波链路可以在几十 km 的范围内工作，而毫米波链路通常只能达到几千米。距离范围的差异是由于微波和毫米波段的无线电传播特性，如大气吸收和降雨衰落。大气中特定射频频率下的衰减取决于大气条件，如大气压力、温度、湿度和云雾或雾中水滴的密度。众所周知，除了大气氧共振吸收严重影响无线电传播的 60GHz 频段之外，特定衰减与水汽和液滴的密度在成比例地增加。在没有降水的情况下，E 波段适度的特定衰减（低于 3dB/km）使得该波段适合于短距离和中频无线链路。限制微波和毫米波频率可用通信范围的主要因素是降雨衰落。

在本章中，将讨论对于微波回传系统特别有用得多频段和多信道聚合的各种系统架构。描述有效利用毫米波频谱的高频谱效率的信道聚合方案。解决实现高速无线传输以及提高频谱效率和功率效率的挑战。为各种技术解决方案提供详细的说明，并引入使用这些技术的真实系统来演示其实际应用。

8.2 无线回传频谱

无线通信使用射频作为传输介质。无线电频谱是所有电磁辐射频率的范围。传统上，微波频段的无线电频谱覆盖了 6~40GHz 的频率。虽然术语毫米波是指波长小于 1cm（或 30GHz 及以上）的射频，但是更频繁地将毫米波段称为 55GHz 以上。这是因为 6~40GHz 的微波波段在特性上相对一致，并以世界各地的监管机构类似的方式进行管理[7]。

8.2.1 微波带和信道分配

微波是无线回传的典型媒介。微波频谱分为国家监管机构在各个国家/地区管理的特定频段。在美国，相关政府机构是 FCC（Federal Communications Commision，联邦通信委员会）。在澳大利亚，是 ACMA（Australian Communications and Media Authority，澳大利亚通信和媒体管理局）。在欧洲，CEPT（European Conference of Postal and Telecommunications Administrations，欧洲电信管理局）设立了频段，其使用的技术规则由 ETSI（European Telecommunications Standards Institute，欧洲电信标准协会）定义。这些带宽由各自的国家监管机构执行和管理。

微波频段通常分为多个信道，使用 FDD（Frequency Division Duplex，频分双工）技术。一半信道用于传输，另一半用中央保护带分隔，用于接收。信道带宽通常对于频段中的所有信道是相同的，但在不同频段中可能不同。一般射频频段计划如图 8.1 所示。

6GHz 和 11GHz 频段广泛用于无线回传，但对其使用有非常严格的技术限制。在最小天线尺寸为 2m 的情况下，6GHz 频段非常适合远距离传输，但由于信道带宽较窄（通常为 29.65 和 40GHz），因此数据速率较低。高达 80MHz，18GHz 和 23GHz 的较大信道尺寸的频段被广泛应用于更高数据速率的应用，但是范围更短。28GHz 和 38GHz 频段的管理与低频段非常不同，它们还可以支持高数据速率的传输。

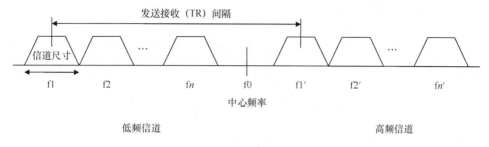

图 8.1　通用微波射频频段计划[7]

与毫米波频段相比，每个微波信道的带宽窄（7 ~ 80MHz），传统微波链路的数据速率只有几百 Mbit/s。为了实现更高的速度，就需要足够的带宽。然而，除了一些不相交的射频频段和信道之外，大的连续带宽在微波频率下不可用于回传。一个自然的解决方案是聚合多个信道以获得所需的带宽，这在一些供应商的产品中已经实现。然而，多个低速率无线系统的这种直接组合既不具有成本效益也没有频谱效率。另一方面，由于无线电传播特性，远距离操作的射频应低于 10GHz。因此，实现无线回传的高速和长距离仍然是一个重大的技术挑战。

8.2.2　毫米波段和使用趋势

在毫米波段中，可以提供非常宽的信道，具有足够的带宽，可为无线系统提供非常高的数据速率。在 60GHz 频段，FCC 为 57 ~ 64GHz 分配了 7GHz 的频谱，用于未经许可的应用。其他国家在 60GHz 频段也有类似的分配，带宽从 5 ~ 7GHz。在 70GHz 及更高毫米波段，全球共有 13GHz 带宽可用，即 71 ~ 76GHz，81 ~ 86GHz 和 92 ~ 95GHz。

具有更宽的带宽，一般就可以增加通信容量。然而，如何有效利用可用带宽仍然是一个挑战。由于数模（D- A）和模数（A- D）转换速度以及数字硬件资源的限制，具有千 MHz 频谱的宽带宽可能无法适应一个传输信道的单个处理链。千 MHz 频谱可能需要分成多个较小的带宽信道，因此仍然需要充分利用可用带宽的信道聚合。

随着用于宏小区和小小区宽带网络的 70/80GHz E 波段无线系统越来越受欢迎，预计 E 波段频谱将越来越拥挤。与美国的非信道化频段计划不同，欧洲的每个 E 频段已被划分为 19 个 250MHz 信道，每个 5GHz 频段两侧具有 125MHz 保护频段，以防止不同 E 波段系统之间可能的干扰，如图 8.2 所示。还定义了 TDD 和 FDD 应用的不同信道组合和布置[8]。推荐使用更小的带宽信道，例如 62.5MHz，以满足更多的可用链路和更高效的频谱使用。通过这样的频率分配方案和对 E 波段链路需求的不断增加，使用更窄的带宽和更高阶调制来提供千兆位数据速率已经成为 E 波段系统开发的行业趋势。因此，E 波段倾向于以与常规微波频段相似的方式使用。

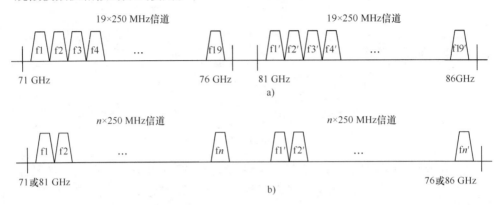

图 8.2　a) 10GHz TR 间距和 b) 小于 5GHz TR 间距的 E 波段信道规划[8]

8.3　多频段和多信道聚合

本节将讨论多频段和多信道聚合的一般架构和实现。假设有多个频段可用于回传系统，每个频段具有多个窄带宽信道。可以通过 A-D 和 D-A 对频段中的一个频段或多个连续信道进行采样，以形成一个数字数据流。

8.3.1　频段和信道聚合概述

为了实现高数据速率的无线回传，自然的解决方案是通过聚合不同频段中的多个窄带信道来增加传输带宽。在无线回传行业中，常见的做法是通过组合在不同射频上运行的多个低速率无线系统来实现高数据速率微波系统。例如，通过简单地堆叠 4 个系统，每个系统具有 150Mbit/s 的容量，则可得到高达 600Mbit/s 的数据速率。然而，如下所述，多个低速率无线系统的这种直接组合具有许多缺点[9]。

首先，低数据速率系统的直接组合不具有成本效益，因为各个 RF 需要单独的基带处理模块、A-D 和 D-A 转换器以及包括混频器、带通滤波器和功率放大器的 RF 链。结果，系统成本随数据速率呈线性增长。为了降低实施成本，来自多个 RF 信道的信号可以在功率放大之前组合，以形成多载波信号。然而，多载波信号会表现出高 PAPR（Peak to Average Power Ratio，峰值平均功率比），这显著降低了系统的功率效率，因为必须执行发射功率回退以减少非线性。一般来说，组合信号中使用的载波数越多，PAPR 越高。

第二，低数据速率系统的直接组合不能充分利用可用带宽。从最后一部分可以看出，微波频段被分成多个窄带 RF 信道，并且信道被成对布置，以固定的发送-接收双工间隔分开。定义了同信道和相邻信道保护比，以防止不同信道之间的干扰。如果数据在不同的 RF 信道中独立发送，则必须执行保护频段以防止发射到相邻信道，导致频谱效率的损失。

本章中描述的多频段和多信道聚合技术将多个 RF 信道（以下也称为子频段）组合在多个频段中，为宽带回传应用提供具有频谱效率、功率效率和成本效益的高数据速率无线链路。在这种技术中采用的两个新颖的想法是子频段聚合和在每个 ASB（Aggregated Subband，聚合子频段）中使用单载波调制。子频段聚合合并多个相邻的 RF 信道以形成更宽带宽的子频段，不需要 ASB 每个相邻信道中的保护带，并且可以提高频谱效率。对于给定的 ASB，应用单载波调制来调制 ASB 中心频率（或载波）上的数据符号。由于子频段聚合减少了给定频段的 ASB 数量，因此要组合的调制信号载波较少，以形成多载波 RF 信号，使得需要放大的 RF 信号的 PAPR 以及在给定频段中的传输可以减少，以实现更高的功率效率。

将描述用于多频段收发器有 3 种替代方案。第一种直接对频段中的每个 ASB 使用时域单载波调制和解调。第二种使用频段的频域数字基带处理来产生和接收数字基带信号，产生 OFDM 型系统，其中使用多个子载波，并且 ASB 内的子载波被预编码，使用 DFT（Discrete Fourier Transform，离散傅里叶变换）解码。该系统称为 ASB-OFDM。第三种使用软件定义的无线电方法，其组合了数字域中多个频段中的所有分配的 RF 信道，提供聚合无线电频谱资源的最终能力和灵活性，以满足高数据速率无线回传传输。

8.3.2　系统架构

多频段多信道无线链路主要用于在宽带接入网络内的两个 BS 之间或 BS 与 AP 之间提供点对点通信。为了方便起见，BS 和 AP 在下面称为节点。图 8.3 所示为两个节点之间的无线链路，其中每个节点配备有多频段 ASB 收发器和定向天线。一个节点连接到互联网主干网，另一个节点连接到宽带接入网络。我们将从互联网主干节点传输到远程节点称为"前向路径"，将从远程节点传输到互联网主干节点称为"返回路径"。

连接到互联网主干节点上的多频段 ASB 收发器如图 8.4 所示。它由前向路径发送器、返回路径接收器和双工器组成，前向路径发送器组成数据位以形成数据包并将数据包发送到远程节点；返回路径接收器从远程节点接收数据包和前向 CSI；双工器分离前向和返回路径之间的信号路径。多频段 ASB 收发器以 FDD 方式在全双工模式下工作，也就是说，它在同一时间发送和接收不同的频谱。远程节点的多频段 ASB 收发器与连接到互联网主干的收发器相同，只是发送器和接收器的工作频率被交换。

如图 8.5 所示，前向路径发送器由加扰、编码和交织模块、子流解复用模

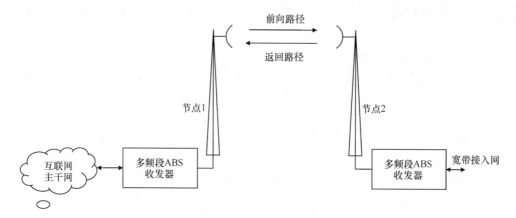

图 8.3 使用多频段 ASB 收发器的点对点链路

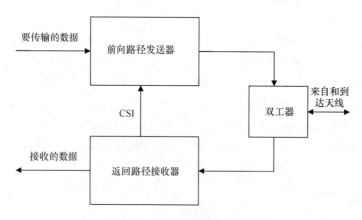

图 8.4 多频段 ASB 收发器架构

块及 N_B 发送器组成，每个发送器在不同的频段中工作。在多频段 ASB 收发器中使用了全部 N_B 频段。注意，每个频段由多个聚合子频段组成。首先对输入数据

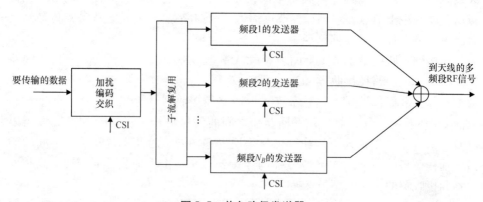

图 8.5 前向路径发送器

位进行加扰，使用 FEC（Forward Error Code，前向错误码）进行编码并交织以产生编码数据位。然后通过子流解复用将编码数据位分成 N_B 个数据子流。来自每个子流的编码数据位被映射成数据符号，并在多个频率载波或子载波上进行调制，以在相应的频段中形成 RF 信号。最终组合在多个频段中形成的多个 RF 信号并将其发送到发射天线。从反向信道接收到的 CSI 将用于控制多频 ASB 发送器中的每个模块，以实现 AMC（Adaptive Modulation and Coding，自适应调制和编码），进行性能优化。

返回路径接收器如图 8.6 所示，由 N_B 接收器、子流复用模块及解交织、解码和解扰模块组成，每个 N_B 接收器均以不同的频段工作。在每个频段中操作的接收器接收多频 RF 信号，并从在多个频率载波或子载波上调制的数据符号检索编码的数据位，以恢复每个数据子流。子流复用模块组合 N_B 个子流以形成单个编码数据流。编码数据流最终被解交织、解码和解扰，以恢复原始的未编码数据位。关于返回路径的 CSI 将根据预定的训练序列确定或随机获得。关于前向路径的 CSI 被嵌入在接收的分组中并且也将被检索。

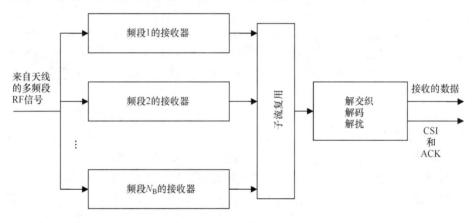

图 8.6　返回路径接收器

对于给定的频段，数据信息需要从基带调制和向上变频到 RF 频段，并且所接收的 RF 信号需要被向下变频和解调成基带。信号上下变频有两种不同的体系结构。一种是同相/正交（I/Q）调制架构，基带数据符号的实部和虚部在发送器（或接收器）处被调制（或解调）到两个正交 RF 频率载波。另一种是数字 IF 架构，通过该数字 IF 架构在数字基带处执行基带调制（或解调），并且数字 IF 信号在发送器处通过 D-A 转换器转换为模拟 IF 信号，或者模拟 IF 信号在接收器处通过 A-D 转换器转换为数字 IF 信号。I/Q 架构只需要低速 A-D 和 D-A 器件，与信道带宽相当，但通常会受到诸如 I/Q 不平衡等实际损伤的影响。数字 IF 架构需要高速 A-D 和 D-A 器件，而无 I/Q 不平衡。应根据系统性能要求、实施复杂性和成本，选择合适的架构。

在一个信号处理链中还有两种不同的数据信息传输和接收信令方案，即单载波和 OFDM。单载波方案将数据符号直接调制到载波频率上，而 OFDM 使用多个子载波。两者都有明显的利弊。适当的信令方案的选择还需要考虑各种方面，例如频谱效率、功率效率、对多径传播和信道衰落的鲁棒性、信道均衡的复杂性和有效性、PAPR、带外发射、对采样频率偏移的灵敏度和载波频率偏移等。

8.3.3　子频段聚合和实现

关于如何使用多个 RF 信道（子频段）实现更高的频谱效率、功率效率和成本效益，子频段聚合的新颖性在于在给定频段中工作的发送器和接收器。

如前所述，根据监管规则，频段成对地分成多个 RF 信道。该对中的一个 RF 信道用于前向路径，另一个用于返回路径。在节点所在的任何给定站点，分配给相同前向或返回路径的所有 RF 信道都放置在频段较低或较高的块中。为了说明的目的，图 8.7a 给出了在给定频段中使用的前向路径的所有 8 个 RF 信道，编号为 1~8，其中只有编号为 1、3、4、6、7 和 8 的 6 个信道被分配给站点，信道 2 和 5 分配给不同的被许可站点。为了提高频谱效率，使用子频段聚合的概念，通过该概念将所有相邻子频段合并形成称为 ASB 的较宽子频段。在图 8.7a 所示的例子中，在子频段聚合之后，子频段数目从原来的 6 个减少到 3 个，其中信道 3 和 4 以及信道 6、7 和 8 分别形成两个聚合的子频段。由于执行困难和/或实现宽带单载波调制/解调问题的复杂性，可能需要用聚合子频段中允许的最大信道数量来限制聚合子频段的带宽，并且可能存在不同的方式聚合子频段。在图 8.7b 和 c 中，信道 1 和信道 3~8 被分配给节点，并且聚合子频段中信道的最大数量被假定为 4 个。信道 3~8 可以被聚合以形成两个更宽的子频段，每个子频段具有 3 个信道，或者具有两个信道，另一个则具有最大 4 个信道。为了提高功率效率，使用每个聚合子频段的单载波调制，即在每个聚合子频段的中心频率（载波）上调制数据符号。将频段中的所有单载波调制信号组合以形成要被功率放大和传输的最终 RF 信号。由于子频段聚合和单载波调制，因此将组合更少的单载波调制信号，使得与独立调制和组合 RF 信号相比，最终 RF 信号的 PAPR 将被减小。此外，子频段聚合还将简化基带信号处理，并减少包括混频器、滤波器和放大器在内的 RF 链的数量，从而降低实现成本。

图 8.8 所示为通过发送器为每个聚合子频段进行单载波调制，生成 RF 信号并组合所有调制载波的过程。以图 8.7a 所示的聚合子频段布置为例进行说明。在 ASB 布置中指明每个 ASB 的载波（即中心频率），还给出了用于单载波调制信号和组合 RF 信号的 RF 信号波形。利用这种信号产生方法，数据符号在 ASB 的载波上直接调制，这称为 ASB- FDMA（Aggregated Subband Frequency- Division Multiple Access，聚合子频段分频多址）。该发送器如图 8.9 所示。子流中的数据

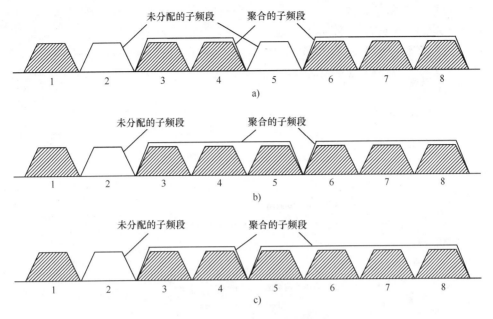

图 8.7　子频段聚合的不同方法

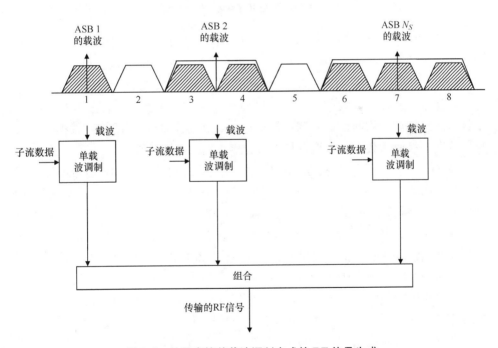

图 8.8　使用直接单载波调制方式的 RF 信号生成

位首先分配给每个单载波调制模块，然后单载波调制模块使用诸如多级 PSK
或 QAM（Quadrature Amplitude Modulation，正交幅度调制）之类的数字调制技

术来将数据位调制到载波上，以产生要在对应的 ASB 中发送的 RF 信号。遵循 BPF（Bandpass Filter，带通滤波器），以便限制信号带宽来满足期望的发射掩码要求。在频段中总共有 N_s 个 ASB。最后，将在所有 ARAB 中传输的所有调制 RF 信号由 PA（Power Amplifier，功率放大器）组合和放大，以产生频段的 RF 信号。

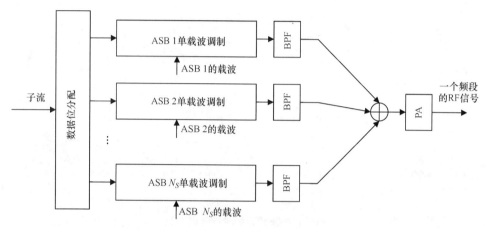

图 8.9　使用 ASB‑FDMA 的发送器

接收使用 ASB‑FDMA 方法的发送器产生的信号的接收器如图 8.10 所示。它的工作原理如下：接收到的多频 RF 信号首先通过 BPF 传送，以获得指定频段的 RF 信号，然后由 LNA（Low‑Noise Amplifier，低噪声放大器）放大；在被 BPF 进一步滤波之后，将放大的信号发送到每个单载波解调模块，以在对应的 ASB 中执行信号解调和均衡；在解调和均衡后，获得每个 ASB 中的接收数据位。最后，将所有接收的数据比特组合起来形成接收到的数据子流。

注意，在 ASB‑FDMA 发送器的特定实现中，可能不使用 RF 信号的直接组合。另一种方法是在每个 ASB 的一些 IF（Intermediate Freqeuncy，中频）组合调制的载波，并将组合的 IF 信号向上变频到正确的 RF 频段。相应地，接收器可以首先将接收的 RF 信号向下变频到 IF 频段，然后解调 ASB 的各个 IF 载波上的数据符号。还要注意，信号载波调制和解调可以使用数字基带处理，并且可以包括数字域和模拟域模块。

也可以使用频域多载波调制方式来生成要在频段中发射的 RF 信号。该方法的过程如图 8.11 所示，其中使用图 8.7a 所示的相同聚合子频段排列作为示例。在该实现中，首先使用数字信号处理技术来生成基带信号。为此，在图示中将频段移动到以零频率（即直流）为中心的基带，其他实现方式也是可能的，例如，第二奈奎斯特区。整个频段首先被划分成多个子载波。落入聚合子频段中的子载波形成连续子载波簇。然后将要发送的数据符号分配给子载波簇并使用

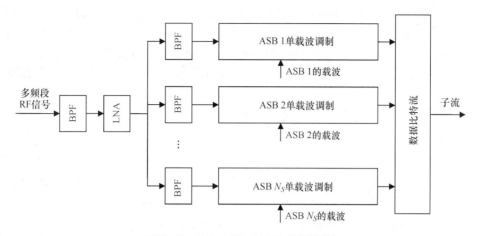

图 8.10　使用 ASB-FDMA 的接收器

SC-FDMA（Single-Carrier Frequency-Division Multiple Access，单载波频分多址）技术进行调制，以产生单载波基带信号。由不同的子载波簇产生的所有这些单载波基带信号被组合以形成用于该频段的基带信号。最后，基带信号根据频段的中心频率移动到频段。在图 8.11 中，还示出了基带信号包络和发射的 RF 信号波形。

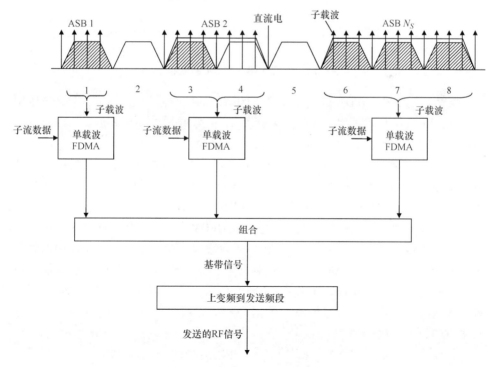

图 8.11　使用频域多载波调制方式的 RF 信号生成

实现该频域多载波方法的发送器如图 8.12 所示，其中来自子流的数据比特首先被分配给不同的子载波簇，并使用诸如 QAM 的符号映射技术映射到数据符号中。然后使用 DFT 对与子载波簇对应的一组数据符号进行预编码，以形成一组新的预编码数据符号。在对所有子载波簇执行这种预编码之后，执行大小等于子载波总数（包括未分配的 RF 信道中的空子载波）的 IFFT(Inverse Fast Fourier Transform，快速傅里叶逆变换)，以产生时域基带信号。请注意，IFFT 可以自动实现多个 SC-FDMA 信号的组合，因此图 8.11 所示的组合过程在发送器图中是固有的。在并行到 P/S(Parallel-to-Serial，串行转换) 和 CP(Cyclic Prefix，循环前缀) 插入或 ZP(Zero Padded，零填充) 后缀附加之后，生成 OFDM 型符号。我们称之为信号生成过程 ASB-OFDM。ASB-OFDM 符号将通过双数字模拟转换器进一步转换为模拟信号，通过向上变频模块转换到频段，最后被功率放大以产生频段的 RF 信号。

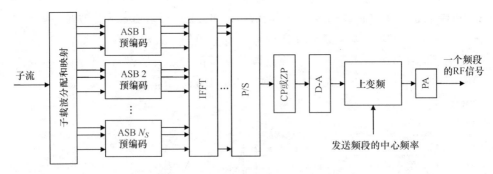

图 8.12　使用 ASB-OFDM 的发送器

接收使用 ASB-OFDM 的发送器产生的信号的接收器如图 8.13 所示。与使用 ASB-FDMA 的接收器类似，接收的多频段 RF 信号首先通过 BPF 传送，以获得指定频段中的 RF 信号，然后通过 LNA 放大。然而，放大的信号被移入基带并通过双 A-D 转换器转换成数字域，以获得接收的 ASB-OFDM 符号。在进一步处理之前，接收的 ASB-OFDM 符号的 CP 将被删除（如果 CP 被插入在发送器的 ASB-OFDM 符号中），或将对所接收的 ASB-OFDM 符号执行 OLA(Overlap-add，重叠相加) 操作（如果 ZP 附加到发送器的 ASB-OFDM 符号）。随后的 ASB-OFDM 符号在 S/P(串并转换) 和 FFT 之后被转换成频域。在频域中，根据频段中的聚合子频段排列将子载波分组成簇。然后对每个子载波簇进行均衡以补偿传播信道效应，并使用 IDFT(Inverse DFT，逆 DFT) 矩阵解码，以恢复在对应的聚合子频段中发送的数据符号。所有恢复的数据符号最终被映射成数据位并组合，以形成接收的数据子流。

请注意，上变频和下变频模块可能会使用适当的 IF 级来适应不同的实现成本和复杂性要求。

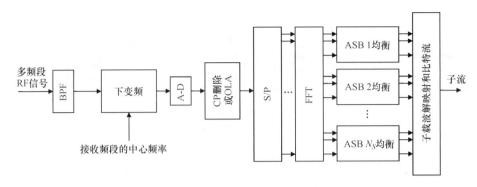

图 8.13　使用 ASB-OFDM 的接收器

上述发送器和接收器的不同实施方案适用于多频段 ASB 收发器中考虑的所有频段。然而，RF 信道带宽和分配以及聚合子频段布置对于不同的频段可以是不同的。对于不同的频段，系统参数，例如聚合子频段的总数、子载波的总数和子载波的频率间隔也可以不同。

在高数据速率无线收发器的所有上述实现中，可以动态地执行子频段聚合，即给定关于频段和子频段分配的信息，收发器可以自动调整系统参数和/或重配置硬件，以实现更好的性能。例如，当发送器缓冲器已满或接近满时，数据需要以最高数据速率传输。在这种情况下，所有可用的子频段被聚合并用于数据传输。当发送器缓冲区几乎为空时，传输的数据较少，数据速率较低。在这种情况下，可以聚合更少的子频段并用于数据传输，最小数为 1。通常，可以根据数据速率要求动态地选择聚合子频段的数量、聚合子频段中的子频段的数量和频段的数量。在任何给定时刻，数据可能不会被调制到所有聚合子频段的发送信号中，这也取决于数据速率要求。还可以根据不同的子频段聚合方案来确定或调整诸如编码率和调制类型的其他系统参数。

8.3.4　频段和信道聚合的完整 SDR 方法

多频段多信道发送器的第 3 种实施如图 8.14 所示，其中发送器带宽覆盖所有 N_B 频段，以提供聚合射频资源并提供高数据传输速率的最终能力和灵活性。在该实现中，基带以 DC 为中心，但是带宽足够宽，以适应多个频段上的整个发射信号带宽。基带首先被划分成多个子载波。子载波间隔足够细以区分子频段（即每个子频段至少一个子载波）。子载波落在未分配的子频段，和/或频段中被置零。要发送的数据被加扰、编码、交织，然后发送到 OFDM 型调制器以产生调制的数字基带信号。只有分配的子频段中的子载波被数据符号调制。数字基带信号进一步向上变频到发射频段。为了减少对未分配频段和/或子频段的干扰，频率向上变频后使用带通滤波器组。滤波后的 RF 信号最后被功率放大并由宽带天线发射。

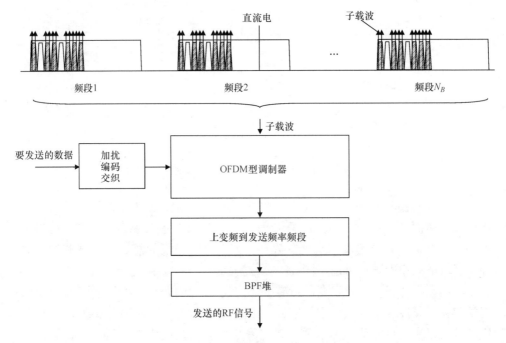

图 8.14　多频段多信道完整 SDR 方法

OFDM 型调制器具有类似于图 8.12 所示的结构，但是具有更多的子载波以覆盖更宽的带宽。编码数据被映射到所分配的子频段中的有效子载波上。也可以应用 PAPR 降低技术，例如第二实施中提到的频域预编码。包括所有无效子载波的调制子载波经由 IFFT 被变换到时域信号样本。在 P/S、CP 插入或 ZP 附加和 D-A 之后，形成模拟基带信号。

升频转换可以使用将复杂基带信号移位到 RF 信号的 I/Q 架构的直接转换。或者，真实的数字 IF 信号可以由 OFDM 型调制器产生，然后使用单个混频器向上变频到发射频段。相应的多频段多信道接收器的工作方向相反，如图 8.14 所示。所接收的 RF 信号首先被带通滤波器组滤波以获得分配子频段的信号，然后向下变频到基带。基带信号由 OFDM 型解调器处理以恢复编码数据位。然后对编码的数据位进行解交织、解码和解扰，以恢复原始的未编码数据位。

OFDM 型解调器具有与图 8.13 所示类似的结构。在 A-D、CP 去除或 OLA 和 S/P 之后，对所接收的数字基带采样进行 FFT，以将基带信号变换到频域。然后对所有子频段中的子载波进行均衡，最后恢复未编码的数据位。

降频转换还可以使用具有 I/Q 架构的直接转换来将 RF 信号移位到复基带信号，或者可以使用单个混频器将 RF 信号移位到 IF 信号，再将 IF 信号数字化以进行 OFDM 型解调器处理。

8.4 频谱有效的信道聚合

第8.3节中讨论的方法对于实现微波频段的高速回传是有用的，其中每个频段的信道划分由监管机构预先确定。现在，我们考虑一个广泛的连续带宽被分配使用的条件，但是它必须被分成多个子信道。例如，在E波段（71~76GHz和81~86GHz）中存在连续的5GHz带宽，但是当前的A-D和D-A速度不足以对整个带宽进行采样，并且数字硬件不是足够强大以将其作为单个数字基带处理。在这种情况下，应使用高效的频谱聚合，以实现无线传输的高速和高频谱效率。

8.4.1 系统概述

频谱高效信道聚合是一种新颖的频域复用技术，通过该技术，宽的连续带宽被划分为若干较窄带宽的子信道，以适应现有电子设备的局限性，避免一些常见的实际损伤，并确保高级数字信号算法实时执行。

频谱高效信道聚合方案的简化框图如图8.15所示。传输链路两端的每个节点由3个主要功能模块组成，即数字调制解调器、IF模块和RF前端。双极化也可以用来加倍系统的吞吐量。

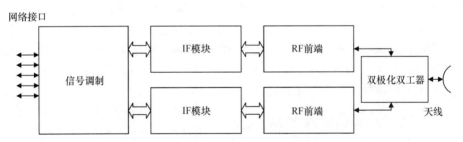

图8.15 频谱高效信道聚合的系统框图

对于正向链路发送器，数字调制解调器接收以太网数据包，并在具有双极化的多个数字信道中产生数字IF信号。每个数字信道使用每秒千兆采样（Gsps）D-A转换器和带通滤波器将数字IF信号转换为每个极化具有较窄带宽的模拟IF信号。对于返回链路接收器，数字调制解调器从IF模块和每个极化接收多个信道的模拟IF信号，并恢复以太网数据包。每个数字信道使用多Gsps A-D转换器从每个极化采样模拟IF信号。

数字调制解调器中的信令方案被选为OFDM，因为它具有固有的优点，例如更高的频谱效率和更简单的频域信道均衡。OFDM的主要问题是较大的PAPR，这将减少覆盖范围。然而，在提出的系统中将采用先进的PAPR减少技术来应对这个问题。

发送器上的 IF 模块通过频域复用将由数字调制解调器生成的 IF 信号组合在多个数字信道中的每个极化上。组合的 IF 信号具有全部带宽。在接收器处，接收到的全带宽 IF 信号通过频域解复用分为多个 IF 信道，用于每个极化，然后由数字调制解调器对其进行解调。

发送器上的 RF 前端将 IF 信号向上变频为以前向路径选择的 E 波段为中心的 RF 信号，并将 RF 信号功率放大到足够的功率电平。在接收器处，RF 前端将接收的 RF 信号放大和下向变频为返回路径选择的 E 波段为中心的 IF 信号，然后将 IF 信号发送到 IF 模块。

其他创新的技术方法包括没有保护频带的频域复用、数字中频信号的生成和接收以及高性能的 OFDM 传输，这在下面的章节中将有更详细的描述。

8.4.2　没有保护带的频域复用

当连续带宽被划分为多个较小的带宽子信道时，相邻子信道之间的保护带是避免信道间干扰所必需的，因为在每个子信道的输出处不能使用尖锐的滤波器，但该保护带将显著降低频谱效率。

没有保护频带的新型频域复用技术将数字域中的信号处理和模拟域中的重叠滤波相结合。从而可以充分利用连续带宽，实现高频谱效率。图 8.16a 和 b 所示为频域复用和解复用过程，其中 N 表示子信道的数量，LO-1，LO-2 和 LO-N 表示各个子信道的 LO（Local Oscillator，本地振荡器）频率。数字 IF 信号将在子信道的数字域中生成和接收，而模拟 BPF 将具有更宽的带宽。通过针对各个子信道对具有不同 LO 的 IF 信号进行上变频或下变频，可以将全带宽信号组合或分成不带保护频带的各个子信道。

8.4.3　数字中频信号的生成与接收

当使用高阶数字调制时，常规实现需要每个子信道提供数字 I/Q 基带信号。在 D-A 和 LPF（Lowpass Filter，低通滤波）之后，模拟基带信号由 I/Q 调制器调制到载波频率上。新颖的数字 IF 信号发生和接收技术采用两种不同方法。首先，每个子信道以合适的 IF 频率而不是数字基带信号（即以 DC 为中心）提供调制的数字 IF 信号。其次，在 D-A 和 BPF 之后，模拟 IF 信号被向上变频而不是 I/Q 调制，用于频域复用的相应的 LO 频率。其优点如下：首先，在使用数字 IF 信号而不是数字 I/Q 基带信号后，每个信道只需要一个 D-A 器件。由于信号频谱在数字信号处理中非常清晰，因此 BPF 规范也放宽了。第二，数字调制不具有 I/Q 不平衡问题，这是模拟 I/Q 调制器的重大缺陷。即使在解调器上可以补偿 I/Q 不平衡，也会增加处理复杂度，而且补偿性能取决于 I/Q 不平衡的建模准确度。因此，从复杂性和性能两方面考虑，在系统中使用数字 IF 信号是实现高容量链路的更有效的方法。

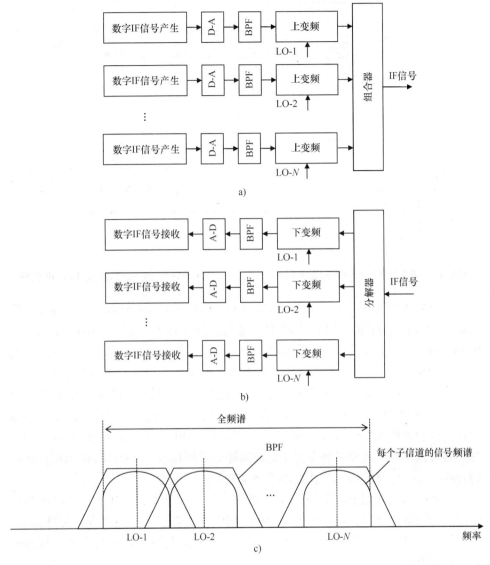

图 8.16　发送器没有保护带的 a）频域复用和 b）接收器的解复用 c）IF 的全部频谱

图 8.17 所示为每个子信道的数字 IF 信号产生和接收框图，其中使用 OFDM 方案作为基本信号传输技术。

8.4.4　高性能 OFDM 传输

OFDM 是广泛使用的多载波无线电通信技术，其能够提供高频谱效率、对抗多径传播和信道衰落的鲁棒性以及有效的频域信道均衡。在频谱高效的信道聚合中采用这种方式来实现所需的频谱效率，因为这样在频域中可以更有效地实

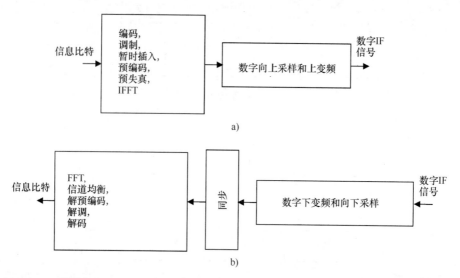

图 8.17 **a)** 在发送器处生成的数字 **IF** 信号 **b)** 基于 **OFDM** 传输的接收器接收数字 **IF** 信号

现双极化所需的 XPIC（Cross-Polarization Interference Cancellation，交叉偏振干扰消除）。然而，OFDM 传输有一些主要缺点，如 PAPR、有效的 OOBE（Out-of-Band Emission，带外发射），以及对 SFO（Sampling Frequency Offset，采样频率偏移）、CFO（Carrier Frequency Offset，载波频率偏移）和相位噪声的敏感性。

在文献中已经提出了许多技术来克服上述缺点并提高 OFDM 传输性能。例如，为了减少 PAPR，可以使用诸如限幅、编码、相位优化、非线性压缩、部分传输序列和选择性映射等各种技术。为了减少 OOBE，还提出了诸如陷波滤波、保护频带预留、时域加窗和专用子载波消除等各种技术，SFO、CFO 和相位噪声的补偿也得到广泛的研究，并提出了许多方法。

上述技术主要用于解决 OFDM 缺点的一个或多个方面。其中一些可能会产生冲突的影响。例如，用于减少 PAPR 的削波方法会引入带内失真和带外辐射，这增加了 OOBE。陷波滤波可以减少 OOBE，但也可能导致峰值再生长，从而导致更高的 PAPR。

可以在光谱高效的信道聚合中实现这些问题的综合解决方案。这些解决方案使得高性能预编码 OFDM 系统成为可能，其中使用预编码矩阵对数据符号块进行预编码，然后将预编码的输出分配给子载波进行进一步处理。更多细节可以在文献［10，11］中找到。

8.5 实践系统实例

上述部分介绍了通过多频段和多信道聚合实现高速回传的原理。本节将介绍 CSIRO（Commonwealth Scientific and Industrial Research Organization，英联邦科学和工业研究组织）开发的一些实际系统，其中这些聚合技术将在实践中得到应用。

8.5.1　CSIRO Ngara 回传

第一个例子是 CSIRO Ngara 回传[9]。它工作在微波频段以实现高速（高达 10Gbit/s）和远程（超过 50km）。长距离要求射频应低于 10GHz。为了实现高速度，则需要足够的带宽。然而，除了一些不相交的 RF 频带和信道之外，在微波频率下，大的连续带宽不可用于回传。一个自然的解决方案是组合多个单信道无线电以获得所需的带宽。然而，多个低速率无线系统的这种直接组合具有许多缺点，例如高成本、高复杂性和低频谱效率。

为了解决这些问题，CSIRO Ngara 回传使用信道聚合来合并多个相邻的 RF 信道以形成被称为 ASB 的更宽带宽子频段，如前所述，不需要 ASB 内的保护带，并且光谱效率可以提高。对于给定的 ASB，应用 SC-FDMA 来对 ASB 子载波上的数据符号进行调制。信道聚合还减少了给定频带的 ASB 数量，从而将多个被调制的单载波信号组合起来以形成多载波 RF 信号，因此在给定频带中可放大的 RF 信号的 PAPR 可以减少，以实现更高的功率效率和更长的范围。

多频收发器的系统框图如图 8.18 所示，由网络接口、数字子系统和 RF 子系统组成。数字子系统生成和接收不同频带的数字 IF 信号。RF 子系统将 IF 信号转换成 RF 频带，放大并发送/接收 RF 信号。在每个频带中，使用 AF（Analogue anti-aliasing Filter，模拟抗混叠滤波器）来消除不必要的奈奎斯特响应和图像响应。BPF 用于在具有适当的 LO 频率的上/下转换之前/之后从频带中选择信号。

基于无线电传播特性，选择了 6、6.7 和 8GHz 的微波频段，用于实施 Ngara 微波回传。当 3 个频带中的所有 RF 信道聚合时，总带宽超过 724.75MHz。使用诸如 256QAM 的高阶调制来实现接近 14bit/s/Hz 的频谱效率，数据速率高达 10Gbit/s。该系统使用 3.6m 天线和 26dBm 的发射功率，可以由具有足够线性的商用功率放大器轻松实现。平坦地面以上 100m 的天线高度足以消除约 60km 范围内的衍射衰退。对于 100km 的距离，天线需要升高到 250m，结合地形并使用微波塔。

8.5.2　CSIRO 高速 E 波段系统

其他示例包括过去十年在 CSIRO 开发的各种高速 E 波段系统，例如 6Gbit/s 系统[12,13]，10Gbit/s 低延迟系统和 50Gbit/s 系统[14]。

6Gbit/s 系统在 2006 年首次展示。该系统的简化框图如图 8.19 所示。该系

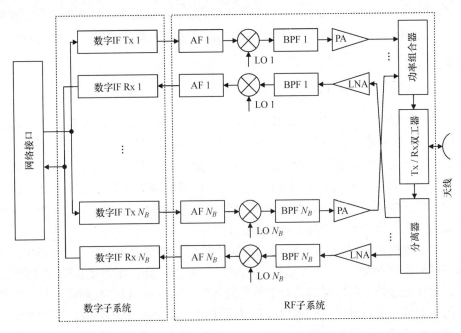

图 8.18　CSIRO Ngara 微波回传收发器框图

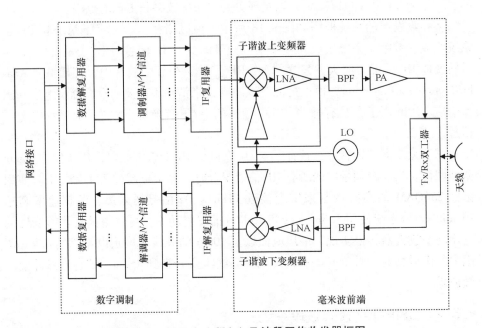

图 8.19　CSIRO 6 Gbit/s E 波段回传收发器框图

统包括网络接口、含有复用和解复用的数字调制解调器、IF 模块和具有高方向
性天线的宽带毫米波前端。发射和接收信号使用频域或时域双工器进行组合。

在发送器（Tx）输入端，数字数据流被解复用为 N 个数字信道（例如 $N = 4 \sim 16$）。每个数字信道由 FPGA 和高速 D-A 转换器产生。在调制器处，通过模拟频率信号的直接计算产生几个相同的高数据速率数字信道。每个数字信道的模拟 IF 信号以频谱有效的方式在频域中多路复用，而不需要相邻信道之间的频率保护带。组合的 IF 信号被向上变频成由 PA 放大并通过 LOS 路径传输的毫米波载波频率。在接收器（Rx）处，接收到的信号通过 BPF 和 LNA，从毫米波载波频率向下变频为 IF，并在频域中解复用为多个信道，由高速 A-D 转换器采样并由 FPGA 解码为数字信道，然后复用为单个数字流。

毫米波收发器使用具有子谐波频率转换的外差架构。子谐波 LO 的实现降低了收发器的复杂性和成本。虽然子谐波混合在转换增益或动态范围内产生了几分贝的小损失，但它提供了 LO 和下变频 LO 噪声的基波和偶数次子谐波固有抑制的优点。CSIRO 6Gbit/s 系统的通信范围超过 5km，输出功率为 17dBm，可使用单个商业 MMIC 放大器。还可以使用上限 33dBm 的传输功率来提高范围。

低延迟 E 波段系统在中继收发器和每个跳跃的远程范围内提供极低的处理延迟，使得多跳无线链路的端到端延迟可以比光链路更短，同时保持类似的性能。这是通过减少数字信号处理链和提高功率效率来实现的。该系统在整个 5GHz 带宽下采用单载波传输的数字基带上的 I/Q 调制架构。不需要频域复用或数字 IF。然而，由于在 IF 阶段可以使用宽带宽 I/Q 变频器，因此实际上仅使用高达 4.25GHz 的带宽，符号速率仅为 3.75Gbit/s，这将数据速率限制为 10Gbit/s。

50Gbit/s E 波段系统与使用频域复用和数字 IF 的 CSIRO 6Gbit/s 系统所采用的系统架构非常相似。但是，在以下几个方面是不同的。首先，对于每个数字信道，在 CSIRO 6Gbit/s 系统中使用具有根升余弦脉冲形状的单载波传输。使用 0.25 滚降因子，625MHz 信道只能以 500Mbit/s 的符号速率传输数据。虽然在 IF 没有保护频带的情况下多个 625MHz 信道被多路复用，但可用频谱仍然没有被充分利用。在 50Gbit/s 系统中，在每个子信道中使用 OFDM 传输，并使所有子信道正交，使得所有可用带宽被充分利用。例如，对于 1.25GHz 子信道，符号速率将是每秒 1.25 千兆符号，而不牺牲任何频谱效率。第二，随着 FPGA 和数据转换技术的进步，50Gbit/s 系统使用更高容量的 FPGA 和更高速的 A-D 和 D-A 器件，可以为每个子信道提供更宽的带宽，并且在全 5GHz 带宽。这有助于降低要发送的 RF 信号的 PAPR，并实现更高的功率效率（从而实现更长的范围）。它也显著降低了系统的复杂性。射频前端架构非常类似于 CSIRO 6Gbit/s 系统所采用的体系结构，但 LO 源除外。在所提出的系统中，RF 前端包括一个 4 × LO 倍频器。LO 源频率从基本 LO 频率的 1/2 到 1/8 的降低可以进一步降低 LO 电路的复杂性和成本。

由于每个子信道的带宽较宽，诸如相位噪声和抖动等实际损伤阻止了使用

64QAM 以上的调制，因此频谱效率不能像 Ngara 微波回传那样高。然而，50Gbit/s 系统的功率效率更高，因为子信道数量远低于 Ngara 微波回传中 ASB 的数量。此外，50Gbit/s 系统中的数字调制解调器的复杂度比 Ngara 微波回传低，因为 MAC 层链路聚合将更加简单，基带信号采样率转换也将不再需要。

与低延迟系统相比，50Gbit/s 系统具有明显更高的频谱效率和数据速率。此外，由于使用数字 IF，该系统不会受到诸如 I/Q 调制架构固有的 I/Q 不平衡等实际损伤的困扰。数字 IF 的另一个优点是消除了与 A- D（D- A）设备和 IF 级之间的接口所需的与信号转换器带宽相关的基带损耗。通过采用 OFDM 传输和数字 IF，与使用 I/Q 调制相比，XPIC 更容易实现。

另一方面，由于高阶调制和多个子信道的组合，50Gbit/s E 波段系统确实具有功率效率较低的缺点。由于线性要求，发射功率放大器需要更多的功率回馈。这种缺点可以通过高级 PAPR 降低技术部分缓解。而从长远来看，还需要研究非线性补偿技术、大功率放大器件和使用天线阵列的波束成形技术。

8.6　结论

随着宽带无线接入和下一代移动系统的发展，对回传基础设施的需求也日益增加。作为光纤回传的成本效益的替代方案，高速和长途无线回传正变得越来越具有吸引力。除了聚合多个微波带和信道以实现高速传输之外，毫米波段中可用的大的连续带宽还允许多千兆位数据速率的无线回传应用。本章介绍的各种技术提供了有效的解决方案，以满足下一代无线宽带网络的回传要求。

参 考 文 献

[1] Little, S. (2009) Is Microwave Backhaul Up to the 4G task? *IEEE Microwave Magazine*, **10**(5), 67–74.

[2] Parkvall, S., Furuskar, A. and Dahlman, E. (2011) Evolution of LTE toward IMTAdvanced. *IEEE Communications Magazine*, **49**(2), 84–91.

[3] Chen, S. and Zhao, J. (2014) The requirements, challenges, and technologies for 5G of terrestrial mobile telecommunication. *IEEE Communications Magazine*, **52**(5), 36–43.

[4] Wells, J. (2009) Faster Than Fiber: the Future of Multi-Gb/s Wireless. *IEEE Microwave Magazine*, **10**(3), 104–112.

[5] Sarkas, I., Nicolson, S. T., Tomkins, A., Laskin, E., Chevalier, P., Sautreuil, B. and Voinigescu, S. P. (2010) An 18-Gb/s, Direct QPSK Modulation SiGe BiCMOS Transceiver for Last Mile Links in the 70–80 GHz Band. *IEEE Journal of Solid-State Circuits*, **45**(10), 1968–1980.

[6] Huawei (2012) 'Huawei Debuts 2nd-Generation Ultra-Broadband EBand Microwave.' Press release, 2 October 2012. Available at: http://www.huawei.com/en/about-huawei/newsroom/press-release/hw-194598-e-bandmicrowave.htm

[7] Wells, J. (2010) *Multi-Gigabit Microwave and Millimeter-Wave Wireless Communications*, Artech House.

[8] ITU-R (2012) 'Radio-Frequency Channel and Block Arrangements for Fixed Wireless Systems Operating in the 71–76 and 81–86 GHz Bands.' Recommendation ITU-R F.2006, March.

[9] Huang, X., Guo, Y. J., Zhang, J. and Dyadyuk, V. (2012) A Multi-Gigabit Microwave Backhaul. *IEEE Communications Magazine*, **50**(3), 122–129.

[10] Huang, X., Zhang, J. and Guo, Y. J., (2014) Comprehensive Imperfection Mitigation for Precoded OFDM Systems. Paper presented at *IEEE 2014 International Conference on Communications (ICC2014)*, Sydney, Australia, 10–14 June.

[11] Huang, X., Zhang, J. and Guo, Y. J., (2015) Out-of-Band Emission Reduction and Its Unified Framework for Precoded OFDM. *IEEE Communications Magazine*, **53**(6), 151–159.

[12] Dyadyuk, V., Bunton, J. and Guo, Y. J., (2009) Study on High Rate Long Range Wireless Communications in the 71–76 and 81–86 GHz Bands. Paper presented at the *39th Europe Microwave Conference*, Rome, Italy, 28 September–2 October.

[13] Dyadyuk, V., Bunton, J., Pathikulangara, J., Kendall, R., Sevimli, O. *et al.* (2007) A Multi-Gigabit mmWave Communication System with Improved Spectral Efficiency. *IEEE Transactions on Microwave Theory and Techniques*, **55**(12) 2813–2821.

[14] Huang, H., Guo, Y. J., and Zhang, J. (2014) Multi-Gigabit Microwave and Millimeter-Wave Communications Research at CSIRO. Paper presented at the *14th International Symposium on Communications and Information Technologies (ISCIT2014)*, Incheon, Korea, 24–26 September.

云无线电接入网络的安全挑战

Victor Sucasas，Georgios Mantas 和 Jonathan Rodriguez
葡萄牙阿维罗电信研究所

9.1 引言

移动数据流量近期呈爆发式增长，更高的数据速率以及稳定性的需求不断增加移动性的压力，这导致被称为 5G 的新一代移动通信的产生。在过去几年中，为了开发新一代的移动通信，研究人员已经投入了大量的工作[1,2]。5G 移动通信旨在实现大数据带宽、无限网络容量和广泛的信号覆盖，为用户提供大量高质量的个性化服务，同时降低资本和运营支出。为了实现这一目标，5G 通信系统将集成广泛的技术。其中有几个已经在今天可用，许多其他的技术将在未来几年被开发和部署[1-3]。

C-RAN 是一种新兴的移动网络技术，已经成为提升网络容量、实现节能运营、改善移动网络覆盖、降低未来移动通信系统运营和资本成本的有前景的解决方案。特别地，C-RAN 可以通过执行来自多个 BS 信号的负载平衡和协作处理来增加网络容量[4]。此外，C-RAN 可以通过允许将 BS 转换为低功率甚至选择性地关闭来降低功耗。这是可能的，因为本地 BS 的所有基带处理任务可以迁移到被称为 BBU 池的远程中央实体，其中许多虚拟 BBU 被托管并且提供所有所需的处理功能。此外，BBU 池允许运营商仅通过安装与之连接的新的 RRU 来覆盖更多的服务区域。此外，基带处理任务不分配给 RRU，而是远程中央 BBU 池，这节省了很多操作和管理成本。并且，C-RAN 能更有效地共享设备（例如传输设备和 GPS），从而减少了资本支出。因此，C-RAN 技术预计将成为即将到来的5G 通信系统的关键因素[2,4,5]。

然而，尽管 C-RAN 技术具有巨大的优势，但它必须处理与虚拟系统和云计算技术相关的许多固有的安全挑战，这可能会妨碍其在市场上的成功建立[6]。特别值得一提的是，C-RAN 技术的集中式架构受到单点故障问题的困扰。因此，应对这些挑战至关重要，以使 C-RAN 技术能够发挥其全部潜力，促进未来 5G 移动通信系统的部署。从这个意义上讲，本章介绍针对 C-RAN 架构的主要组件的潜在威胁和攻击的代表性例子，以便阐明 C-RAN 技术的安全挑战，并提供指导，以确保这种新兴技术的安全性。

在第 9.2 节中，我们将基于目前 C-RAN 技术的相关工作，概述 C-RAN 架构；9.3 节将提供 C-RAN 环境中潜在入侵攻击的代表性示例；第 9.4 节将讨论针对 C-RAN 架构的可能的 DDoS（Distributed Denial of Service，分布式拒绝服务）攻击的示例；最后，第 9.5 节将对本章内容进行总结。

9.2　C-RAN 架构概述

如图 9.1 所示，C-RAN 的一般架构由以下 3 个主要部分组成：①与天线共处的 RRU；②集中式 BBU 池；③将 RRU 连接到 BBU 池的前传网络[4,5,7]。

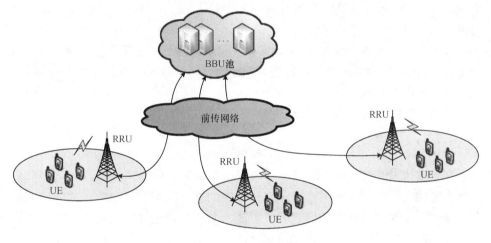

图 9.1　C-RAN 架构

RRU 将 RF 信号发送到下行链路中的用户设备（例如智能电话、平板电脑）或将基带信号从 UE 转发到集中式 BBU 池，以便在上行链路中进一步处理。主要是 RRU 执行模-数转换、数-模转换、上/下变频、滤波、RF 放大和接口适配[5]。另一方面，BBU 池由多个 BBU 组成，其作为虚拟基站来处理基带信号，并优化一个 RRU 或一组 RRU 的网络资源分配。基于 BBU 池中的不同资源管理，每个 RRU 的 BBU 分配可以分布式或集中式实现。根据分布式方法，一个 RRU 直接连接到对应的 BBU。虽然分布式方法更容易实现，但它并没有获得联合信号处理和中央控制的优点。相比之下，根据集中式方法，所有 RRU 连接到中央实体（即 BBU 池）。这种方法在灵活的资源共享和能源效率方面提供了许多优点。此外，集中处理能够跨多个小区实现有效的干扰避免和消除算法[5]。最后，前传网络跨越远程 RRU 到 BBU 池，实现 C-RAN 架构。前传网络负责将未处理的 RF 信号从远程天线传送到虚拟 BBU。虽然前传网络需要比回传更高的带宽、更低的延迟和更准确的同步，但将 BBU 池与移动核心网连接起来，可以更有效地利用 RAN 资源。前传链路可以由不同的技术实现，如光纤和无线。然而，由于光纤可以提供大带宽和高数据传输速率，因此光纤被认为是 C-RAN 的理想手段。例如，NG-PON2 的下行和上行的带宽分别为 40GHz 和 10Gbit/s，范围可达 40km[4,5]。

9.3 C-RAN 环境中的入侵攻击

C-RAN 环境的核心是虚拟化，因此，它可以像虚拟系统那样受到类似的威胁。在虚拟系统中，进入虚拟环境的恶意攻击可以以多种方式监视、窃听、修改或运行软件，同时不被检测到。C-RAN 环境不能免于入侵攻击，这可能比常见的虚拟系统更有害，因为 C-RAN 是许多移动用户的常用控制点，所以管理了大量的资源和数据。这确实是恶意攻击 C-RAN 的动机，因为进入 C-RAN 环境可以访问丰富的个人数据和虚拟化资源。

在本节中，将描述潜在的 C-RAN 入侵漏洞，以及可能导致恶意攻击控制部分 C-RAN 或在其虚拟环境内运行恶意程序的原因；还将描述在虚拟环境中检测入侵者并限制其行为范围的技术难题；最后，我们详细介绍入侵攻击的影响，以阐明恶意实体入侵 C-RAN 的动机。

9.3.1 入侵攻击的入口

恶意实体可以利用托管虚拟环境的网络基础架构的漏洞进入 C-RAN 环境。具体来说，入侵者可以利用补丁和应用程序的软件漏洞、错误配置的内省和超调机制以及流氓回滚程序。尽管不太可能，但攻击者也可以实际访问安装在户外的 C-RAN 基础设施[7]。成功访问虚拟环境并控制主机系统中的虚拟实例的攻击者可以安装一个后门，在 C-RAN 内传播恶意软件，从而实现多种入侵攻击。

一旦攻击者获得了 C-RAN 的访问权限，攻击者就有可能窃听、修改或运行软件程序。入侵者可以发起流氓虚拟系统，例如虚拟路由器、数据库和虚拟 BBU，这些虚拟系统将被视为 C-RAN 虚拟环境中的合法实例，从而使攻击者能够不被检测到。值得注意的是，C-RAN 环境启动按虚拟资源的能力加强了入侵攻击策略，因为攻击者只需通过执行软件程序就可以在环境中获得恶意系统，而在传统的 RAN 架构，这将需要在网络基础设施本身内部安装恶意硬件。

图 9.2 所示为入侵者使用的可以进入 C-RAN 环境的漏洞以及恶意攻击可以控制或颠覆的实体。

1）虚拟路由器；

2）软件程序；

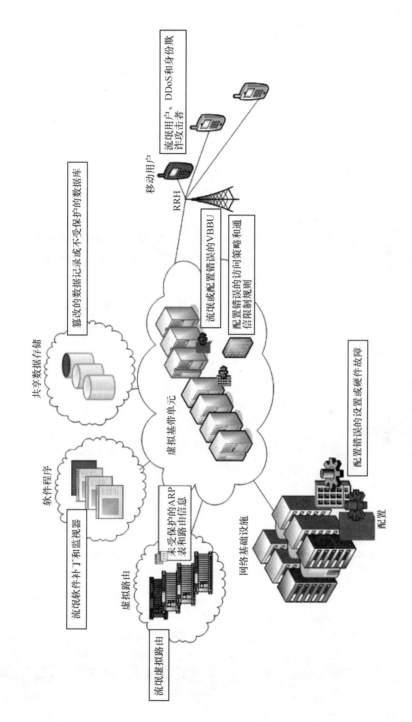

图 9.2　C-RAN 环境中入侵攻击的漏洞和入口点

3）虚拟 BBU；

4）数据库

5）网络基础设施；

6）配置和设置文件；

7）访问策略和防火墙设置。

1. 软件漏洞利用

C-RAN 受到从软件熵继承的软件漏洞的约束，这在任何高度复杂的软件架构中都是隐含的。软件熵是任何软件设计固有的技术弊端[8]不可避免的结果，因此它存在于任何基于软件的系统中。作为基于软件的解决方案，C-RAN 提供了软件漏洞，攻击者可以利用这些漏洞进行攻击，并对其虚拟环境进行部分或完全的控制。这对于不依赖于软件解决方案的系统来说确实是一个主要的对手。

主要通过两种持续执行和更新的软件程序来实现 C-RAN 场景中的漏洞，即软件补丁和虚拟软件监视器。软件补丁是更新计算机程序中的功能和/或更正错误的软件，它们是目前维护软件产品事实上的解决方案。虚拟软件监视器用于监视虚拟系统（如虚拟 BBU、路由器、数据库等）的状态。实施监控的主要目标是依靠验证内部流程和检测问题的可能性。这些监视器可以检查和解释存储在网络基础设施中的数据，从而使软件监视器可以随时观察安装的虚拟系统[9]。远程执行补丁和控制虚拟进程的要求可以被认为是入侵攻击的主要入口点，因为任何代码的损坏或故障都可能会永久性地危及系统。攻击者可以在将软件程序传递到网络基础设施提供商之前感染它，然后等待它执行以进行入侵攻击。

2. 不受控制的超视觉内部检查

内部检查是虚拟系统的常见功能，其中监视器的控制软件应用程序可以访问存储在网络基础设施中的数据。虽然监视器对于监督虚拟环境的正常运行至关重要，但是控制这些监视器之一的攻击者可以自由地窃取存储在虚拟 BBU 池中的敏感数据[10]。如果允许监视器复制或修改数据，那么应用于软件监视器的访问策略的配置错误可能会使情况恶化。复制虚拟实例进行检查的能力通常确实在虚拟环境中启用。例如，如果必须在特定时刻或时间窗口检查数据库或虚拟路由器的状态，则应将网络基础结构配置为使监视器能够拍摄虚拟实例的快照，从而允许复制。这些副本可以通过不同的软件应用程序按需处理，甚至远程传输[11]，这充分利用了窃听攻击的潜力。

除了虚拟实例的简单检查或非法修改之外，损坏的软件可以利用网络基础架构错误配置来执行主机操作系统中的命令。以前的虚拟机框架已经报告了这个问题[12-15]。一旦损坏的软件程序在主机操作系统中执行命令，就有可能在主机操作系统中创建流氓实例、修改诸如虚拟 BBU、虚拟路由器和数据库的虚拟系统的合法实例，或执行软件程序。

3. 流氓恢复程序

用于恢复过程的备份数据库可以为入侵者提供另一个入口点，因为损坏的软件程序可以修改系统备份或虚拟 BBU 或路由器的备份，以便在恢复过程之后启动时控制这些实体。通过这种机制，攻击者可以感染数据库并不被发现，直到执行回滚操作并且发起流氓实体。攻击者可以访问共享数据库环境中的恢复数据，其中数据存储资源由所有虚拟实体共享。

由于攻击者可以利用配置错误的访问规则或权限升级策略来访问和修改数据库备份部分，因此数据库受到明确定义的访问策略的保护是非常重要的。最后，值得注意的是，攻击者可能会强制中断被 DoS（Denial of Service，拒绝服务）攻击的系统，这将导致系统回滚并加载虚拟实例的损坏版本，从而使攻击者能够控制系统。

9.3.2　入侵检测计数机制的技术挑战

在第 9.3.1 节中，详细介绍了入侵者通过利用虚拟实体的网络基础架构中的软件漏洞或错误配置进入系统的不同手段，以及系统内部的入侵者如何通过启动或修改其他虚拟机来传播主机系统内的资源。因此，有必要讨论检测或避免故障/恶意实体扩散和影响其他合法虚拟实例的技术难点。在这方面，减少恶意实体在虚拟环境中的活动范围的主要对策是基于执行隔离和虚拟防火墙。然而，这些机制碰到了由虚拟环境的性质引起的技术挑战。

1. 防火墙和访问控制漏洞

保护 C-RAN 免受入侵的技术难题在于物理环境中保护虚拟环境和常见安全解决方案是不可用的。这种不可用性的主要原因是数据传输机制遵循主机操作系统套接字架构，而不是传统的 IP 网络。这阻碍了基于流量检测和过滤入侵检测的应用。虽然已经有可用于检查虚拟实体在主机系统背板中通信的机制，但这些机制要复杂得多。这是由于不同主机系统通信架构的异质性和虚拟环境的动态性质，其特征在于虚拟实体的连续创建和迁移。

防火墙机制在虚拟环境中至关重要，因为流氓虚拟实体（虚拟路由器、虚拟 BBU 或软件程序）可以在虚拟环境内获取信息，并将该信息传送到外界，超出了 C-RAN 安全机制的范围，或者在背板中与其他流氓虚拟实体进行通信，以协调和执行串通攻击。通常建议通过防火墙规则[16]或子网划分（即不同领域之间的虚拟实体隔离）[17]来防止信息泄露或串通攻击。但是，防火墙策略必须位于主机系统背板中，而不在虚拟实体中。这是因为将防火墙机制放置在虚拟实体内将使得流氓虚拟实例颠覆防火墙策略，这会需要深入的内部检测。此外，还必须部署访问策略，以避免修改或窃听其他虚拟实体的活动和数据。值得一提的是，虚拟环境部署共享数据存储资源，如果访问策略配置错误，并且无法正常工作，则可能是窃听的目标。

2. 数据记录和共享数据库的颠覆

数据存储是虚拟环境中通常共享的另一种资源，因为每个虚拟实体启动专用数据库将是无效的。数据库共享允许虚拟实体从通用数据存储中包含和提取数据，但必须通过访问策略的定义来控制访问。这导致在虚拟实体不断出现和消失的动态环境中定义访问策略的挑战，并且最终会使流氓虚拟实体窃取或修改其他实体的信息。当数据库维护系统的数据记录时，这个问题变得更加相关，因为恶意用户可能会颠覆数据记录中存储的信息，以删除涉及其非法行为的条目，从而阻碍安全性取证。数据记录颠覆也可能发生在主机系统中的配置错误，例如不受控制的回滚过程，其中数据库会被先前的状态覆盖，从而删除数据记录中描述加载状态[10]之后发生的动作条目。

由于可能会颠覆或丢失信息，因此，安全取证在虚拟环境中更难应用，这阻碍了攻击者的可追溯性。此外，数据记录任务本身在虚拟环境中也更复杂，因为正在记录的实体由于迁移或多重启动而暂时可用。例如，一个虚拟实体在给定时间下的不正当行为可以被复制或消失，并在稍后的时间内启动，具有不同的标识符，使得负责给定非法行为的实体更难识别。

9.3.3 内部攻击

内部攻击可能来自虚拟环境中的不同来源，具体取决于流氓实体所在的位置。最有害的攻击源于流氓虚拟路由器和虚拟 BBU 的发起，因为这些实体执行 C-RAN 的核心任务。攻击也可以与恶意内部实体所覆盖的远程攻击的 C-RAN 中的流氓用户勾结。在本节中，我们区分由移动用户从 C-RAN 触发，但由入侵者、流氓虚拟 BBU 攻击和流氓虚拟路由器攻击协助的用户端攻击。

1. 用户端攻击

当被恶意虚拟 BBU 覆盖或由虚拟路由器辅助时，恶意用户可以执行一系列更为有效和更难以检测的攻击。例如，用户身份欺诈在与流氓虚拟 BBU 或路由器勾结的情况下是可行的，远程 DoS 攻击能更有效地与入侵者勾结。

关于身份欺诈，由恶意虚拟路由器中毒的简单 ARP 表可以将用于合法用户的数据包指向流氓用户。ARP 中毒[17,18]是一个相当简单的演示模拟，它只需要一个流氓虚拟路由器来访问 ARP 表并修改其条目，使得模拟攻击不可检测。身份欺诈也可以通过勾结应用用户删除和用户添加过程来更新流氓用户身份的流氓虚拟 BBU 来实现[19]。恶意用户可以利用他们的新身份为 DoS 攻击注入数据包，并欺骗其他人关于这些数据包的来源[20]。

远程 DoS 攻击也可以与流氓虚拟路由器串通，导出配置文件和协议二进制文件到流氓用户[21]。然后，用户可以注入利用虚拟路由器漏洞的数据包，以破坏服务。值得注意的是，虚拟路由器是基于可编程数据包处理器，它提供可被恶意用户利用的软件漏洞。用户可以注入修改路由器操作的数据包，导致 DoS

攻击[21]。此外，这些攻击可以用身份欺诈技术掩盖，使攻击者更难跟踪。

用户还可以在迁移过程中从入侵者执行中间人攻击时获取虚拟路由器的状态和配置。虚拟环境受到虚拟实体的持续迁移和启动的影响。虚拟路由器和虚拟 BBU 的迁移涉及配置文件和协议二进制文件的传输[22,23]，使得入侵者仅通过嗅探与迁移相关的通信来获取敏感和详细的信息。然后入侵者可以将这些信息传送给外部用户，从而减轻 DoS 攻击。

2. 流氓虚拟 BBU 攻击

由于它们是 C-RAN 架构的核心，因此虚拟 BBU 具有执行有效 DoS 和窃听攻击的潜力[21]。流氓虚拟 BBU 可以通过资源请求来浪费网络基础设施，以耗尽资源，从而影响其他虚拟 BBU。即使主机系统拒绝流氓虚拟 BBU 的资源请求，入侵者也可以请求降级控制台，从而降低主机系统资源分配机制的性能。

虚拟 BBU 在连接到虚拟路由器、数据库和其他虚拟 BBU 的虚拟环境中的特殊位置允许其执行有效的侧信道攻击，允许攻击者修改或嗅出其他 BBU 的活动。流氓虚拟 BBU 可以窃听和复制另一个虚拟 BBU，包括其流量。这允许流氓虚拟 BBU 拦截和复制在线服务，如专有视频流，并将其重定向到未经授权的用户[21]。在这种情况下，流氓虚拟 BBU 不打算引起服务中断，而是访问其他用户的私有内容。因此与 DoS 攻击相比，入侵难于检测。文献［24］已经针对亚马逊云服务描述了这种侧信道攻击。

流氓虚拟 BBU 还有可能通过注入协议特定的数据包来有选择地中断用户服务。文献［25］中描述了一个这种攻击的例子，其中服务提供商通过嗅探数据包和注入伪造的重置数据包来阻止 P2P 服务。

3. 流氓虚拟路由器攻击

流氓虚拟路由器可以通过多种方式修改数据传输流：

1）修改目的地址；

2）拦截和创建伪造数据包；

3）检查数据包内容；

4）丢弃数据包。

修改目的地址不是通过修改数据包直接执行的，因为这样会使完整性检查无效，而是通过中断 ARP 表，如第 9.3.3 节 1. 所述。虚拟路由器可以通过修改 ARP 表中的一个条目来选择目标节点，模拟并将其所有预期的数据包发送给流氓用户。该表由同一虚拟环境中的虚拟路由器共享，从而使此攻击效率更高。因此，ARP 保护机制至关重要。

截取和创建伪造数据包也已在第 9.3.3 节 2. 中进行了描述，其中提到了 Comcast Corporation（美国最大的互联网服务提供商之一）创建复制数据包以分解 P2P 服务的情况。值得一提的是，可以从虚拟路由器级别执行此攻击，因为路由器由可重新编程的分组处理器组成，所以它们的功能可以轻松地被修改以创建和注入数据包，而不仅仅是处理像传统路由器这样的接收数据包。

路由器级别中的数据包检查也是可以允许流氓虚拟路由器简要分析用户的威胁。值得注意的是，即使在加密传输中，流量分析仍可以分析通信方的身份、分组大小、传输频率、时间表等[26]。攻击者获取此信息的危险超出了简单地窃听用户的活动，因为它为攻击者提供了有价值的信息来检测网络中的脆弱源或目标点[27]。例如，通过流量分析，攻击者可以推断哪些实体控制最常访问的在线服务，并对这些实体发起 DoS 攻击，从而增加损害。

虚拟路由器执行的最简单的攻击包括虚拟路由器队列中的选择性分组丢弃。这是一种诱导拥塞并强制源节点降低传输速率的简单有效的方式，从而为其他源节点留下更多带宽。这种攻击由于其简单性和效率而特别有害，因为源或接收器节点很难阐明带宽的减少是由于拥塞还是由路由器不当行为引起的。

9.4 针对 C-RAN 的 DDoS 攻击

由于 C-RAN 为数千用户提供服务，因此 DDoS 攻击是对网络服务造成严重破坏的潜在威胁。DDoS 攻击是典型的 DoS 攻击的一个变体，单个攻击主机针对单个受害者。DoS 攻击是互联网上最古老和最严重的威胁之一。它们的主要目标是通过压倒其资源（例如 CPU、内存、网络带宽）来防止对目标机器服务的合法访问。

DoS 攻击有两大类，即网络层 DoS 攻击和应用层 DoS 攻击。网络层 DoS 攻击是在网络层进行的，它们试图用 TCP 同步或 UDP 洪泛攻击等带宽消耗攻击来淹没目标受害者的网络资源。相比之下，应用层 DoS 攻击则是更复杂的攻击，利用受害者系统上运行的应用层协议和应用程序的特定特征以及漏洞，以消耗其资源[28-31]。与 DoS 攻击相反，DDoS 攻击使用僵尸网络来部署多个攻击实体，通常位于不同的位置，并实现其目标。传统的僵尸网络是通常称为 Bot 的受损机器（例如合法 PC、笔记本电脑）的网络，处于使用 C&C（Central Command and Control，中央命令和控制）服务器攻击者的控制下。因此，攻击者能够通过中央 C&C 服务器远程访问和管理传统僵尸网络[30-33]。另一方面，移动僵尸网络是由 Bot 主机通过 C&C 信道远程控制的受攻击智能电话（即 Bot）的网络[32,34]。

在即将到来的 5G 通信系统中，移动僵尸网络预计将被攻击者越来越多地使用，因为智能手机是理想的远程控制机器，它们支持不同的连接选项并增加上行链路带宽，而且往往始终打开并连接到互联网。因此，攻击者将能够以许多种有效的方式部署移动僵尸网络，并对其他合法移动用户或移动通信系统（例如接入网络或移动运营商的核心网络）的组件发起严重攻击[34-36]。从这个意义上讲，可以从移动僵尸网络发起对 C-RAN 的潜在 DDoS 攻击，如图 9.3 所示。Bot 主机负责选择将被恶意软件入侵的移动设备，并将其转变为 Bot。具体来说，

Bot 主机将利用所选择的移动设备的安全漏洞（例如操作系统和配置漏洞）并损坏它们。在当前的移动僵尸网络中，Bot 主机使用与基于 PC 的僵尸网络所使用的类似的 http 技术以及移动设备特征（如 SMS 消息）的新技术，以便分发其命令。此外，Bot 代理服务器将是 Bot 主机间接用于命令和控制 Bot 的通信手段。最后，Bot 将由 Bot 主机编程和指示，对 C-RAN 执行 DDoS 攻击[34-36]。下面将详细描述针对 C-RAN 的潜在 DDoS 攻击的例子。

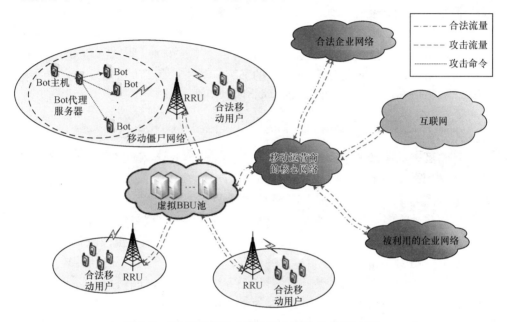

图 9.3　5G 通信情景中潜在攻击下的 C-RAN 架构

9.4.1　使用信令扩增的 DDoS 攻击

信令放大攻击已经在文献［37］中针对 4G 网络进行了描述，这种攻击可以扩展到 C-RAN 网络架构。如图 9.3 所示，该攻击可以由相同 C-RAN 下受感染的移动设备（即移动僵尸网络）的网络触发，但可以位于由 C-RAN 覆盖的一个或多个 RRU。信令放大攻击的目标是通过用信令开销洪泛 C-RAN 来使资源管理单元过载。特别地，移动僵尸网络发送用于建立和释放专用无线电承载的信令。这种信令开销的并发传输导致负责资源管理任务的虚拟 BBU 发起承载激活和分配过程。值得注意的是，可以同时从多个 RRU 执行此攻击，资源请求将由同一 C-RAN 中托管的多个虚拟 BBU 进行管理，从而耗尽处理资源。此外，在承载者分配给 Bot 之后，将不会再使用它们，并且由超时触发的分配到期将导致虚拟 BBU 进行承载去激活过程，这也有助于耗尽 C-RAN 资源。僵尸网络可以编程为重复执行此攻击。在文献［37］中提出的针对 LTE 网络中的这种攻击的检测机制是基于跟踪每分钟的建立时间和承载激活/停用次数，并将这些值与预定义的阈值进行比较。

9.4.2 移动网络上的外部实体的 DDoS 攻击

针对连接到移动核心网络的外部网络（例如企业网络）的 DDoS 攻击可以在即将到来的移动通信系统上执行。在这种情况下，如图 9.3 所示，移动设备的僵尸网络可以用于通过移动运营商的核心网络对位于合法企业网络中的受害者产生大量流量。虽然这些攻击的目标不是移动网络本身，但是它们注入大量流量负载的事实可能会影响其性能，特别是可以影响来自僵尸网络流量的 C- RAN 的性能。最近在互联网上对 Spamhaus 的 DDoS 攻击证明了大量的攻击流量如何影响将其传输到特定目标的底层通信网络的可用性[38]。

9.4.3 移动网络上的外部受干扰的 IP 网络的 DDoS 攻击

即将到来的移动通信系统可能不仅遭受由与 C- RAN 相关联的 RRU 覆盖的恶意移动用户（即移动僵尸网络）发起的 DDoS 攻击，而且还受到连接到 C-RAN 的被破坏的外部 IP 网络（例如受损企业网络）的干扰，如图 9.3 所示。这些网络将包含许多受到威胁的设备/机器，这些设备/机器将针对 C- RAN 本身或由 C- RAN 服务的实体产生相当大的流量。在这种情况下的关键问题是，连接到移动核心网络的外部 IP 网络中包含的设备/机器可能是受到恶意软件攻击的目标，通过受感染的移动设备访问这些网络，从而创建传统的僵尸网络（例如基于 PC 的）或移动僵尸网络，以便于从这些网络发起有效的 DDoS 攻击。

例如，企业网络设备/机器的恶意软件感染可能是被感染的员工设备引起的[39]。员工将自己的智能手机带到工作环境，并将其连接到企业网络，甚至是有严格访问控制的企业网络。然而，智能手机容易受到移动恶意软件的攻击，因此攻击者将利用合适的恶意软件，使他们能够利用安全的企业网络，然后感染其设备/机器[39]。值得一提的是，智能手机支持的 2G/3G/4G/5G、WiFi、蓝牙、NFC（近场通信）和 USB（通用串行总线）等多种连接技术，都可以被攻击者滥用为移动恶意软件传播信道。因此，员工的智能手机可以作为企业网络和外部世界之间的攻击者的桥梁。因此，员工的智能手机可能会通过移动通信渠道（例如 3G/4G/5G）或短距离通信信道（例如 NFC）来破坏，并成为目标企业网络的漏洞或直接通过智能手机支持的另一个通信信道（例如 USB）带来恶意的有效载荷[34,39]。为了避免在工作环境中使用员工智能手机引起的企业网络的安全漏洞，一个非常常见的方法是定期扫描所有员工的智能手机与反恶意软件。然而，这种方法是侵入性的，而且在能源方面太昂贵。因此，需要在安全响应和成本效益之间取得平衡的创新解决方案。在文献［39］中，通过识别和定期抽样智能手机，已经提出了将战略取样作为这一要求的解决方案。然后检查取样的智能手机是否存在恶意软件感染。

9.5　结论

C-RAN 技术必须处理以前的 RAN 技术中不存在的安全问题，并且与实施 RAN 服务的云计算和虚拟系统（即虚拟化服务和网络）相结合。由于针对 C-RAN 架构的单点部署策略，这些安全问题可能导致非常有破坏性的结果。在本章中，我们针对 C-RAN 架构的主要组件提出了潜在的威胁和攻击，这些组件源于单个硬件点的虚拟化网络和处理单元。恶意用户可以利用 C-RAN 单点部署策略，通过攻击单个实体来破坏或控制 C-RAN 服务。特别是我们专注于潜在入侵攻击和 DDoS 攻击的例子。潜在的入侵攻击代表非常具有挑战性的攻击，要求攻击者控制 C-RAN 虚拟环境中的虚拟实体，这可以通过利用错误配置或受感染的软件程序等漏洞来实现。入侵者可以发起流氓虚拟实体，为多次攻击打开一系列可能性，例如合法化虚拟实体的非法内部检查、私人数据窃听、数据或服务复制、用户假冒和服务中断。另一方面，针对 C-RAN 架构的 DDoS 攻击可以由僵尸网络远程启动，并对网络服务造成严重破坏。

参 考 文 献

[1] Wang, C.-X., Haider, F., Gao, X., You, X.-H., Yang, Y., Yuan, D., Aggoune, H., Haas, H., Fletcher, S. and Hepsaydir, E. (2014) Cellular architecture and key technologies for 5G wireless communication networks. *IEEE Communications Magazine*, **52**(2), 122–130.

[2] Chih-Lin, I., Rowell, C., Han, S., Xu, Z., Li, G. and Pan, Z. (2014) Toward green and soft: a 5G perspective. *IEEE Communications Magazine*, **52**(2), 66–73.

[3] Bangerter, B., Talwar, S., Arefi, R. and Stewart, K. (2014) Networks and devices for the 5G era. *IEEE Communications Magazine*, **52**(2), 90–96.

[4] Checko, A., Christiansen, H. L., Yan, Y., Scolari, L., Kardaras, G., Berger, M. S. and Ditmann, L. (2014) Cloud RAN for Mobile Networks – a Technology Overview. *IEEE Communications Surveys and Tutorials*, **17**(1), 1.

[5] Wang, R., Hu, H. and Yang, X. (2014) Potentials and Challenges of C-RAN Supporting Multi-RATs Toward 5G Mobile Networks. *IEEE Access*, **2**, 1187–1195.

[6] Panwar, N., Sharma, S. and Kumar Singh, A. (2015) *A survey on 5G: The next generation of mobile communication, Physical Communication*. Available online as at 11 November 2015, ISSN 1874–4907.

[7] Wu, J., Zhang, Z., Hong, Y. and Wen, Y. (2015) Cloud radio access network (C-RAN): A primer. *IEEE Network*, **29**(1), 35–41.

[8] Holvitie, J., Leppanen, V. and Hyrynsalmi, S. (2014) Technical Debt and the Effect of Agile Software Development Practices on It – An Industry Practitioner Survey. In the *Sixth International Workshop on Managing Technical Debt (MTD)*, pp. 35–42, September.

[9] Whitaker, A., Cox, R. S., Shaw, M. and Gribble, S. D. (2005) Rethinking the design of virtual machine monitors. *Computer*, **38**(5), 57–62.

[10] van Cleeff, A., Pieters, W. and Wieringa, R. J. (2009) Security implications of virtualization: A literature study. In *Proceedings of the International Conference on Computational Science and Engineering*, IEEE Computer Society, Washington, DC, USA.

[11] Roschke, S., Cheng, F. and Meinel, C. (2009) Intrusion detection in the cloud. In *Proceedings of the IEEE International Conference on Dependable, Autonomic and Secure Computing*, IEEE Computer Society, Washington, DC, USA.

[12] Common Vulnerabilities and Exposures (2012) CVE-2012-1516 https://cve.mitre.org/cgi-bin/cvename.cgi?name=CVE-2012-1516.

[13] Common Vulnerabilities and Exposures (2012) CVE-2012-1517. https://cve.mitre.org/cgi-bin/cvename.cgi?name=CVE-2012-1517.

[14] Common Vulnerabilities and Exposures (2012) CVE-2012-2449. https://cve.mitre.org/cgi-bin/cvename.cgi?name=CVE-2012-2449.

[15] Common Vulnerabilities and Exposures (2012) CVE-2012-2450. https://cve.mitre.org/cgi-bin/cvename.cgi?name=CVE-2012-2450.

[16] Wolinsky, D. I., Agrawal, A., Boykin, P. O., Davis, J. R., Ganguly, A., Paramygin, V., Sheng, Y. P. and Figueiredo, R. J. (2006) On the design of virtual machine sandboxes for distributed computing in wide-area overlays of virtual workstations. *International Workshop on Virtualization Technology in Distributed Computing*, IEEE Computer Society, Washington, DC, USA.

[17] Wu, H., Ding, Y., Winer, C. and Yao, L. (2010) Network security for virtual machine in cloud computing. In *Proceedings of the 5th International Conference on Computer Sciences and Convergence Information Technology (ICCIT)*, Seoul, South Korea.

[18] Cavalcanti, E., Assis, L., Gaudencio, M., Cirne, W. and Brasileiro, F. (2006) Sandboxing for a free-to-join grid with support for secure site-wide storage area. In *Proceedings of the International Workshop on Virtualization Technology in Distributed Computing*, IEEE Computer Society, Washington, USA.

[19] Chowdhury, N. M. M. K., Zaheer, F.-E. and Boutaba, R. (2009) imark: An identity management framework for network virtualization environment. In *Proceedings of the IFIP/IEEE International Symposium on Integrated Network Management*, IEEE Press, Piscataway, USA.

[20] Cabuk, S., Dalton, C. I., Ramasamy, H. and Schunter, M. (2007) Towards automated provisioning of secure virtualized networks. In *Proceedings of the ACM Conference on Computer and Communications Security*, New York, USA.

[21] Natarajan, S. and Wolf, T. (2012) Security issues in network virtualization for the future Internet. In *Proceedings of the International Conference on Computing, Networking and Communications (ICNC)*, January 30–February 2, pp. 537–543.

[22] Wang, Y., Keller, E., Biskeborn, B., van der Merwe, J. and Rexford, J. (2008) Virtual routers on the move: Live router migration as a network-management primitive. *SIGCOMM Computer Communication Review*, **38**, 231–242.

[23] Clark, C., Fraser, K., Hand, S., Hansen, J. G., Jul, E., Limpach, C., Pratt, I. and Warfield, A. (2005) Live migration of virtual machines. In *Proceedings of the 2nd Conference and Symposium on Networked Systems Design and Implementation (NSDI)*, Berkeley, California, **2** pp. 273–286.

[24] Ristenpart, T., Tromer, E., Shacham, H. and Savage, S. (2009) Hey, you, get off of my cloud: Exploring information leakage in third-party computer clouds. In *Proceedings of the 16th ACM Conference on Computer and Communications Security (CCS)*, New York, pp. 199–212.

[25] FCC rules against BitTorrent blocking. EFF. Available at: https://www.eff.org/es/deeplinks/2008/08/fcc-rules-against-comcast-bit-torrent-blocking

[26] Conti, M., Mancini, L. V., Spolaor, R. and Verde, N. V. (2016) Analyzing Android Encrypted Network Traffic to Identify User Actions. *IEEE Transactions on Information Forensics and Security*, **11**(1), 114–125.

[27] Bays, L. R., Oliveira, R. R., Barcellos, M. P., Gaspary, L. P. and Madeira, E. R. M. (2015) *Virtual Network Security: Threats, Countermeasures, and Challenges*. Springer, London.

[28] McGregory, S. (2013) Preparing for the next DDoS attack. *Network Security*, **5**, 5–6.

[29] Zargar, S. T., Joshi, J. and Tipper, D. (2013) A survey of defense mechanisms against distributed denial of service (DDoS) flooding attacks. *IEEE Communications Surveys and Tutorials*, **15**(4), 2046–2069.

[30] Mantas, G., Stakhanova, N., Gonzalez, H., Jazi, H. H. and Ghorbani, A. A. (2015) Application-layer denial of service attacks: taxonomy and survey. *International Journal of Information and Computer Security*, **7**(2–4), 216–239.

[31] Logota, E., Mantas, G., Rodriguez, J. and Marques, H. (2015) Analysis of the Impact of Denial of Service Attacks on Centralized Control in Smart Cities. In *Mumtaz, S.*, Rodriguez, J., Katz, M., Wang, C. and Nascimento, A. (eds) *Wireless Internet*, Springer International Publishing, pp. 91–96.

[32] Hoque, N., Bhattacharyya, D. K. and Kalita, J. K. (2015) Botnet in DDoS Attacks: Trends and Challenges. *IEEE Communications Surveys and Tutorials*, **17**(4), 2242–2270.

[33] Freiling, F. C., Holz, T. and Wicherski, G. (2005) *Botnet Tracking: Exploring a root-cause methodology to prevent distributed denial-of-service attacks*. Springer, Berlin, Heidelberg.

[34] Mantas, G., Komninos, N., Rodriguez, J., Logota, E. and Marques, H. (2015) *Security for 5G Communications: Fundamentals of 5G Mobile Networks*, John Wiley & Sons.

[35] Arabo, A. and Pranggono, B. (2013) Mobile Malware and Smart Device Security: Trends, Challenges and Solutions. In *Proceedings of the 19th International Conference on Control Systems and Computer Science (CSCS)*, pp. 526–531.

[36] Flo, A. R. and Josang, A. (2009) Consequences of botnets spreading to mobile devices. In *Short-Paper Proceedings of the 14th Nordic Conference on Secure IT Systems (NordSec)*, pp. 37–43.

[37] Bassil, R., Chehab, A., Elhajj, I. and Kayssi, A. (2012) Signaling oriented denial of service on LTE networks. In *Proceedings of the 10th ACM International Symposium on Mobility Management and Wireless Access (MobiWac)*, New York, pp. 153–158.

[38] Piqueras Jover, R. (2013) Security attacks against the availability of LTE mobility networks: Overview and research directions. In *Proceedings of the 16th International Symposium on Wireless Personal Multimedia Communications (WPMC)*, pp. 1–9, June.

[39] Li, F., Peng, W., Huang, C.-T. and Zou, X. (2013) Smartphone strategic sampling in defending enterprise network security. In *IEEE International Conference on Communications (ICC)*, pp. 2155–2159, June.

图书在版编目（CIP）数据

5G 与未来无线通信系统：回传和前传网络揭秘/（葡）卡齐·默罕默德·塞杜·哈克等编；丁雨明，李祎斐译.—北京：机械工业出版社，2017.11

书名原文：Backhauling/Fronthauling For Future Wireless Systems

ISBN 978-7-111-58032-4

Ⅰ.①5…　Ⅱ.①卡…②丁…③李…　Ⅲ.①无线电通信–通信系统–研究　Ⅳ.①TN92

中国版本图书馆 CIP 数据核字（2017）第 229470 号

机械工业出版社（北京市百万庄大街22号　邮政编码100037）
策划编辑：吕　潇　责任编辑：吕　潇
责任校对：郑　婕　封面设计：马精明
责任印制：张　博
三河市国英印务有限公司印刷
2017 年 11 月第 1 版第 1 次印刷
169mm×239mm·11.5 印张·219 千字
0001—2600 册
标准书号：ISBN 978-7-111-58032-4
定价：59.00 元

凡购本书，如有缺页、倒页、脱页，由本社发行部调换

电话服务　　　　　　　　　　网络服务
服务咨询热线：010-88361066　机 工 官 网：www.cmpbook.com
读者购书热线：010-68326294　机 工 官 博：weibo.com/cmp1952
　　　　　　　010-88379203　金 书 网：www.golden-book.com
封面无防伪标均为盗版　　　　教育服务网：www.cmpedu.com